SOLIDWORKS 项目化实例教程

主　编　孙述亮　徐棚棚　张婧媛
副主编　宫　斌　韩　鹏　林伟民
　　　　巩胜磊　苏茂富　张德华
　　　　葛　鹏

北京理工大学出版社
BEIJING INSTITUTE OF TECHNOLOGY PRESS

内 容 简 介

本书主要介绍利用 SOLIDWORKS 2023 进行零件建模、零件装配、工程图制作、运动仿真的方法和技巧。其中，零件设计、零件装配和工程图制作为重点讲解部分，任务二至任务六讲解了基础零件设计方法，任务七讲解了曲面设计方法，任务八讲解了复杂零件设计方法，任务九讲解了零件装配方法，任务十讲解了工程图制作方法，任务十一讲解了运动仿真操作技巧。通过 11 个任务及相关拓展练习，将 SOLIDWORKS 软件应用的相关知识和方法融入其中，易学易懂。

本书主要面向智能装备类相关专业的学生。

图书在版编目（CIP）数据

SOLIDWORKS 项目化实例教程 / 孙述亮，徐棚棚，张婧媛主编. -- 北京 ： 北京理工大学出版社，2024.1
　ISBN 978-7-5763-3817-1

　Ⅰ．①S… 　Ⅱ．①孙… ②徐… ③张… 　Ⅲ．①机械设计-计算机辅助设计-应用软件-教材 　Ⅳ．①TH122

中国国家版本馆 CIP 数据核字（2024）第 077760 号

责任编辑：王玲玲　　　文案编辑：王玲玲
责任校对：刘亚男　　　责任印制：李志强

出版发行 / 北京理工大学出版社有限责任公司
社　　址 / 北京市丰台区四合庄路 6 号
邮　　编 / 100070
电　　话 / （010）68914026（教材售后服务热线）
　　　　　　 （010）68944437（课件资源服务热线）
网　　址 / http://www.bitpress.com.cn

版 印 次 / 2024 年 1 月第 1 版第 1 次印刷
印　　刷 / 河北盛世彩捷印刷有限公司
开　　本 / 787 mm × 1092 mm 　1/16
印　　张 / 15.75
字　　数 / 360 千字
定　　价 / 88.00 元

前　言

　　本书的编写结合了当前经济社会对重大技术装备制造人才的需求，充分体现了国家在重大技术装备产业方面的最新发展成就，贯彻落实党的二十大精神，落实立德树人的根本任务。本书编写内容贴近工程实践，注重应用型人才的培养。编写过程中深入挖掘课程内容和教学模式蕴含的素质元素，着力打造本书的素质"主战场"，坚持价值塑造、知识传授和能力培养"三位一体"，为学生塑造正确的世界观、人生观和价值观助力，力求在润物无声中使学生"德技并修，成长成才"。

　　本书主要特点有：

　　（1）教学设计新颖，采用任务驱动教学。编者精心选取了自动化、工业机器人、制造加工等领域的经典案例，紧贴企业一线，以零件建模为基础、零件装配为主体、工程图制作为规范、运动仿真为提升，层层推进，符合学生认知特点，使学生学习过程贴近企业岗位，提高学习工作效率。本书将"价值塑造、知识传授和能力培养"的教学理念融入任务引入、任务分解、任务实施和任务拓展各个教学环节中，有利于培养"德技并修"的高素质人才。

　　（2）数字资源丰富，各项任务均配备二维码，学生使用智能手机扫码后便可获取丰富的线上学习资源，主要包括素养案例、知识点详解以及操作过程等。讲解各项任务实施过程时，摒弃冗长复杂的文字性描述，采用生动形象的表格、图片和视频的形式，极大地提升了学生的阅读体验感，方便学生对知识点的理解并进行深入学习。

　　（3）内容严谨，严格遵守机械设计相关规范和国家标准，将机械制图、机械设计基础等课程的理论知识点同本书各个任务的技能点进行深度融合，注重培养学生的综合素质和实际应用能力。

　　本书的主要内容：

　　介绍利用 SOLIDWORKS 2023 进行零件建模、零件设计、零件装配、工程图制作、运动仿真的方法和技巧。其中，零件设计、零件装配和工程图制作为重点讲解部分，任务二至六讲解了基础零件设计方法，任务七讲解了曲面设计方法，任务八讲解了复杂零件设计方法，任务九讲解了零件装配方法，任务十讲解了工程图制作方法，任务十一讲解了运动仿真操作技巧。通过 11 个任务及相关拓展练习，将 SOLIDWORKS 软件应用的相关知识和方法融入其中，易学易懂。

　　本书由孙述亮、徐棚棚、张婧媛担任主编，宫斌、韩鹏、林伟民、巩胜磊、苏茂富、张德华以及中创云科（山东）教育科技有限公司的葛鹏担任副主编。全书由徐棚棚、韩鹏统稿。黄官祝、郝明启对本书进行了精心、细致的审阅。朱绍伟高级工程师对本书提出了许多宝贵的修改意见。编写过程中得到了潍坊环境工程职业学院同仁的大力支持和帮助，在此深表感谢。

　　由于编者水平有限，书中的不妥之处敬请读者批评指正。

编　者

目 录

任务一 SOLIDWORKS 2023 基础设置

 任务描述

技能目标：

能够正确启动和退出 SOLIDWORKS 2023 软件。

能够根据任务选择 SOLIDWORKS 2023 的模块。

掌握 SOLIDWORKS 2023 绘图环境的设定方法和技巧。

知识目标：

了解 SOLIDWORKS 2023 的基本功能及术语。

熟悉 SOLIDWORKS 2023 的界面及基本组成。

熟悉 SOLIDWORKS 2023 的绘图环境设置内容。

素质目标：

培养善于思考、积极主动的科学精神。

培养团结互助、乐于钻研、互帮互助的协作精神。

勤奋钻研、
团结协作

任务引入

SOLIDWORKS 是世界上首款基于 Windows 开发的三维 CAD 系统，广泛应用于航天航空、汽车、机械等领域。自 1995 年问世以来，SOLIDWORKS 以其强大的功能、易用性和创新性，极大地提高了机械工程师的设计效率。要想更好地使用 SOLIDWORKS，需要熟悉它的界面，提前进行相应工具或命令的设置，减少重复性操作，以便更快地入门和提高绘图速度。

相关知识

一、SOLIDWORKS 2023 基本功能

SOLIDWORKS 是一款基于造型的三维机械设计软件，它的设计思路是：实体造型→虚拟装配→二维图纸。通过 SOLIDWORKS 2023 可以设计出具有三维效果的零件图，将零件进行装配实现三维装配体，零件与装配体可以生成二维工程图，如图 1-1 所示。

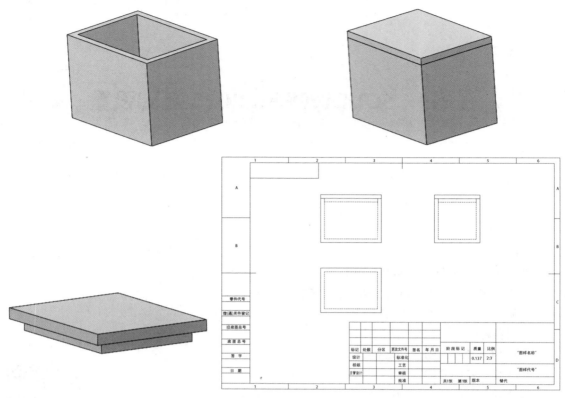

图 1-1　零件与装配体生成二维工程图

　　SOLIDWORKS 2023 是一种尺寸驱动系统,具有尺寸驱动三维实体的功能,可以给定各部分之间的尺寸和几何关系。在保存模型时,改变尺寸就会改变零件的大小和形状,如图 1-2 所示。并且零件、装配体和工程图三者之间具有联动关系,对其中任意一个进行改动都会使其他两个自动跟着改变。例如,假设在零件中修改了某个尺寸,在装配体或工程图中,该尺寸也会发生相同的变化。如果该零件设计用于模具加工,那么,由该零件生成的模具或加工代码也会随之发生变化。

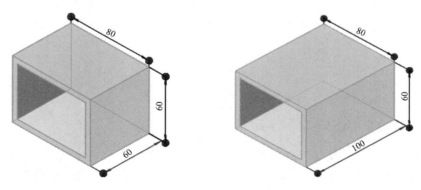

图 1-2　尺寸驱动

二、术语

提前了解 SOLIDWORKS 2023 基础术语，避免概念混淆，便于在后续的学习中快速选择，本书中涉及的部分术语如下。

（1）原点：零件原点显示为三个蓝色箭头，代表模型的（0，0，0）坐标。当草图为激活状态时，草图原点显示为红色，代表草图的（0，0，0）坐标。

（2）平面：位于同一基准面上的实体。例如，圆为平面，螺旋线则不是。平面用于绘制草图。

（3）基准面：作为草图绘制平面、视图定向参考、装配时零件互相配合的参考面、尺寸标注的参考、模型生成剖面视图的参考面、拔模特征的参考面。SOLIDWORKS 2023 提供了三个预设的基准面：前视基准面、上视基准面和右视基准面。

（4）基准轴：在生成草图几何体或者圆周阵列时使用。作为圆柱体、圆孔或其他回转体的中心线，辅助生成圆周阵列等特征的参考轴，同轴度特征的参考轴。

（5）面：帮助定义模型特征或曲面特征的边界。面是模型或曲面可以选择的区域（半面的或非半面的）。

（6）边线：两个面或曲面沿着一段距离相交的位置。可以选择边线用于绘制草图、标注尺寸以及其他用途。

（7）顶点：两条线或多条线或边线相交的点。可以选择顶点用于绘制草图、标注尺寸以及其他用途。

三、SOLIDWORKS 2023 软件界面

双击桌面上的快捷方式图标，或依次单击计算机桌面左下角的"开始"→"所有程序"→"SOLIDWORKS 2023 文件夹"→"SOLIDWORKS 2023"，启动界面如图 1-3 所示，启动后的界面如图 1-4 所示。

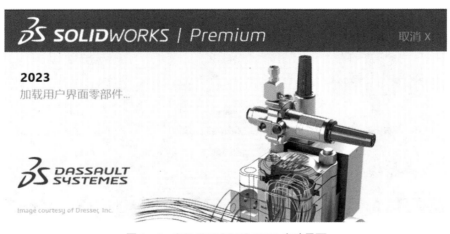

图 1-3　SOLIDWORKS 2023 启动界面

图 1-4　启动后的 SOLIDWORKS 2023 界面

（1）单击快捷菜单栏中的"新建"按钮▯，或者依次单击菜单栏的"文件"→"新建"命令，出现"新建 SOLIDWORKS 文件"对话框。

（2）在"新建 SOLIDWORKS 文件"对话框中依次单击"零件"按钮▨→左下角"高级"按钮 高级 →"gb_part"按钮 ▨ →"确定"按钮，如图 1-5 所示。生成如图 1-6 所示的完整操作界面。

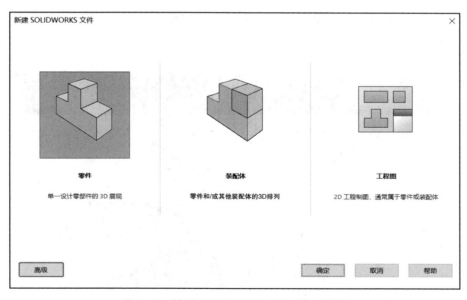

图 1-5　"新建 SOLIDWORKS 文件"对话框

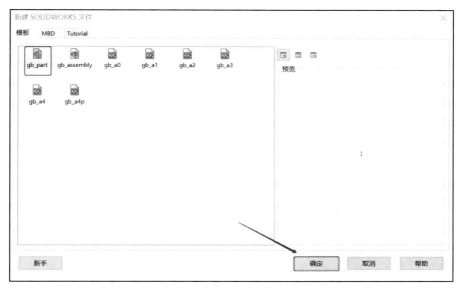

图1-5 "新建 SOLIDWORKS 文件"对话框（续）

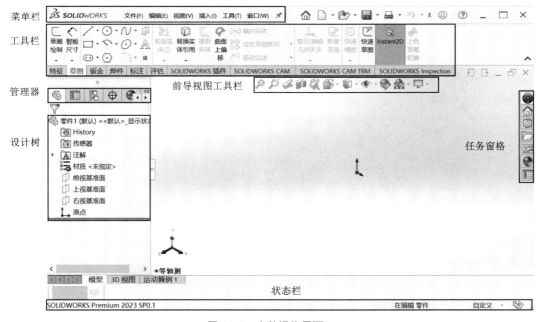

图1-6 完整操作界面

任务实施

SOLIDWORKS 2023 是一款非常优秀的三维建模软件。在使用时，可以根据个人习惯对软件进行设置，从而提高设计效率。同时，为了能够根据国家标准快速进行绘图和标注，也需要进行相应的设置。本任务主要完成绘图环境的基本设置。

步骤一：设置文件模板

进入 SOLIDWORKS 2023 启动界面，单击快捷菜单栏中的“选项”按钮⚙，进入“系统选项”页面，单击左侧的“默认模板”，单击右侧零件处的“浏览并选择”按钮[...]，选择“gb_part”，单击“确定”按钮，完成零件模板配置。根据以上步骤，在“系统选项”窗口选择装配体模板“gb_assembly”、工程图模板“gb_a4”，如图 1－7 所示。

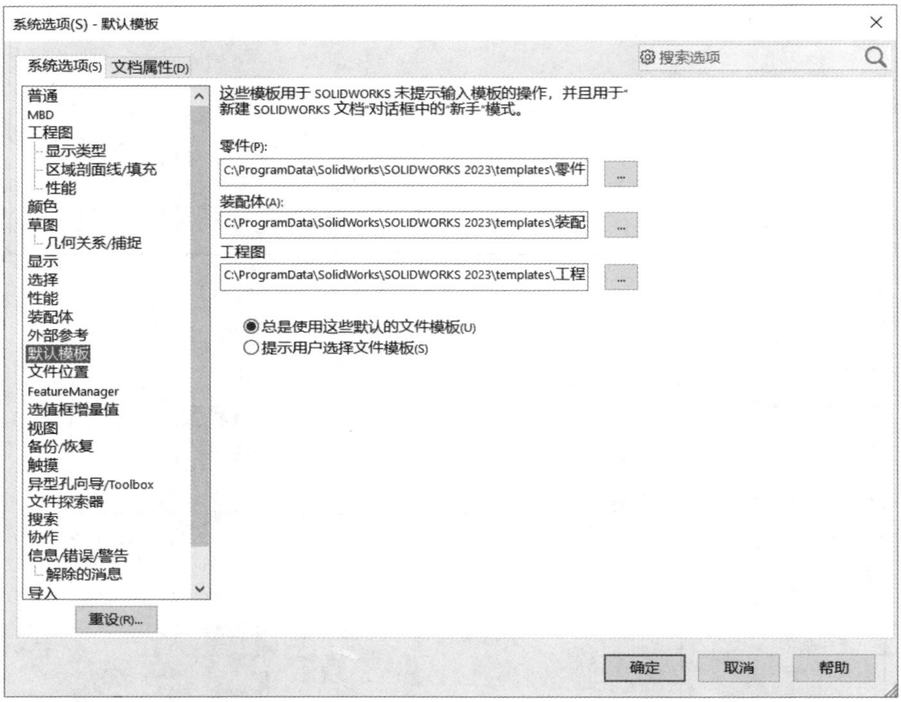

图 1－7　系统选项-默认模板

提示：

1. 可以根据自身需求进行自定义模板。

2. 在“新建 SOLIDWORKS 文件”对话框的“高级”选项中存储了所有的模板，可以单击“高级”选项，选择需要使用的模板。

步骤二：设置工具栏

工具栏提供了快速调用命令的方式，除了系统设置的常用工具栏命令外，还可以根据自己的操作习惯来添加、删除工具栏的命令。

1. 工具栏选项卡添加、删除

将光标放置于任一选项卡（功能模块）上，如“特征”选项卡，右击，如图 1－8 所示，标有“ √ ”的表示是显示状态，单击“ √ ”后取消，此功能模块在工具栏不再显示。

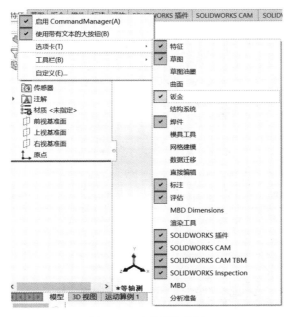

图 1-8　功能模块选择

　　根据需要进行功能模块的选择时，对于初学者而言，建议不要将"使用带有文本的大按钮"选项取消，取消后的标题栏仅显示图标，如图 1-9 所示。

图 1-9　标题栏仅显示图标

2. 自定义草图工具栏

　　为了使用方便，可将工具栏进行单独添加，根据使用习惯将工具栏固定于合适位置。下面以添加草图工具栏为例进行介绍。

　　（1）在工具栏中右击，确认"CommandManager"被勾选后，单击"工具栏"，单击"草图"选项，在任务窗格右侧新增草图工具栏，如图 1-10 所示。

　　（2）可将鼠标指针放置于草图工具栏上方的"移动"按钮━━━━处，按住鼠标左键将草图工具栏移动到合适位置。

　　提示：

　　1. 当视图（前导）工具栏或其他工具栏未显示时，用户可通过在工具栏区域右击，在弹出的快捷菜单中勾选需要显示的工具栏进行显示。

　　2. 若误操作导致工具栏显示或消失，可通过在工具栏区域右击，在弹出的快捷菜单中选择"自定义"，单击左下角"重设到默认"按钮。

3. 自定义前导（视图）工具栏

　　"正视于"命令在绘图过程中使用频率高，可将此命令直接添加至视图（前导）工具栏中，以便提高绘图效率。

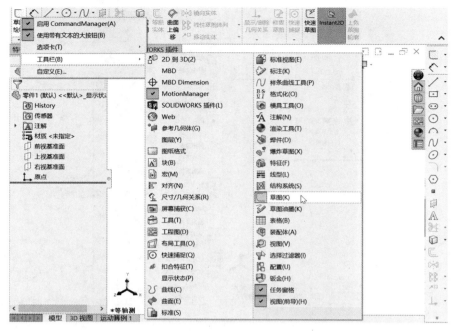

图 1-10 添加草图工具栏

（1）在工具栏区域右击，在弹出的快捷菜单中选择"自定义"命令，打开"自定义"对话框。

（2）单击"命令"标签，切换至"命令"选项卡，选择"标准视图"选项，单击右侧的"正视于"按钮，按住鼠标左键，拖动"正视于"按钮放置到"视图（前导）"工具栏中，如图 1-11 所示。

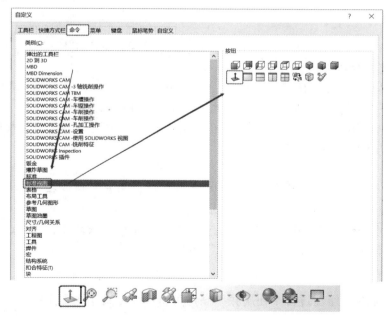

图 1-11 添加"正视于"按钮

步骤三：设置单位

国家标准要求的单位为MMGS（毫米、克、秒），可以使用自定义的方式设置其类型。单位的设置主要有两种方法。具体操作步骤如下。

方法1：

（1）单击快捷菜单栏中的"选项"按钮⚙，进入"系统选项"页面，单击"文档属性"选项卡→"单位"，如图1-12所示。

（2）设置单位为MMGS（毫米、克、秒）；在"小数"一栏中可设置小数位数，单击"确定"按钮，完成设置。

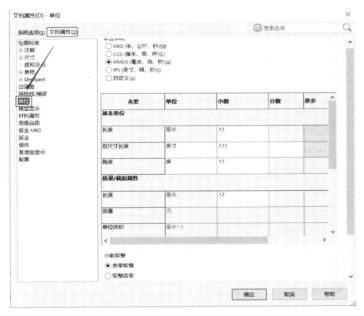

图1-12　设置单位

方法2：

通过"状态栏"中的"自定义"按钮可以实现，请认真思考、相互协作完成单位的设置。

任务拓展

一、鼠标的操作

缩放图形区：滚动鼠标中键滚轮，向前滚动滚轮可看到图形在缩小，向后滚动滚轮可看到图形在放大。

平移图形区：按住 Ctrl 键，然后按住鼠标中键，移动鼠标可实现图形随鼠标的移动而平移。

旋转图形区：按住鼠标中键，移动鼠标可看到图形在旋转。

二、快捷键的使用

（1）在工具栏空白处右击，选择"自定义"，单击"键盘"选项卡，即可进入键盘的快捷键设置，如图1-13所示。可以使用软件默认的快捷键，也可以根据自身需求进行快捷键的设置。

图1-13 快捷键设置

（2）鼠标快捷键。

鼠标快捷键因草绘、装配、工程图绘图界面的不同而不同，下面以草绘为例，介绍鼠标快捷键的使用。

按住鼠标右键，出现如图1-14所示"直线""圆""智能尺寸""矩形"选项，通过按住鼠标右键进行移动可选择不同的绘图选项。

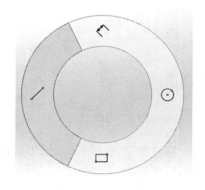

图1-14 鼠标快捷键

任务评价

评价项目	评价标准	参考分值	学生自评（15%）	学生互评（15%）	教师评价（70%）
文件的创建	正确启动软件；完成零件、装配体等模板的设置，完成零件、装配体等文件的创建	15			
软件界面的认识	熟悉零件设计操作界面，掌握界面各部分的名称	25			
绘图环境的基本设置	完成工具栏的设置；完成单位的设置	30			
鼠标的操作	掌握鼠标的操作及快捷键的使用	15			
素质	善于思考、团结协作，达到或超越任务素质目标	15			
总评					

任务小结

本任务主要介绍了 SOLIDWORKS 2023 的基本功能、术语、软件界面和常用基本设置。通过本次任务的学习，初步认识了 SOLIDWORKS 2023，能够进行工具栏等选项的自定义设置，在学习过程中培养独立思考、相互协作、积极解决问题的科学精神。工欲善其事，必先利其器，通过基础命令的设置，帮助学生在后续的学习中提升绘图效率，从而夯实基础，不断进步。

练 习 题

1. CommandManager 指的是（　　　）。

A. 快捷菜单栏　　　　B. 工具栏　　　　C. 菜单栏　　　　D. 状态栏

2. FeatureManager 指的是（　　　）。

A. 设计树　　　　B. 工具栏　　　　C. 菜单栏　　　　D. 任务管理器

3. 用鼠标（　　　）实现模型的平移。

A. 左键＋中键　　　　B. Ctrl 键＋中键　　　C. 单击右键　　　D. 单击左键

4. 用鼠标（　　　）实现模型的旋转。

A. 左键＋中键　　　　B. Ctrl 键＋中键　　　C. 单击右键　　　D. 单击左键

5. 自定义工具栏。

任务二　气缸固定块设计

 任务描述

技能目标：

能够使用草图绘制工具进行草图绘制。

能够使用拉伸凸台、拉伸切除特征进行参数化设计。

知识目标：

掌握草图绘制、草图镜向、草图剪裁、尺寸标注和几何关系。

掌握拉伸凸台、拉伸切除特征。

素质目标：

通过本任务的学习，培养学生发散性思维，提高学生解决问题的能力。

 任务引入

气缸固定块如图 2-1 所示。本任务要求完成该零件的三维设计。

气缸固定块设计
操作视频

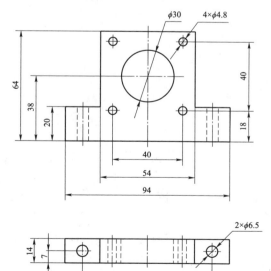

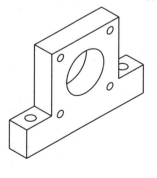

图 2-1　气缸固定块

任务分解如图 2-2 所示。

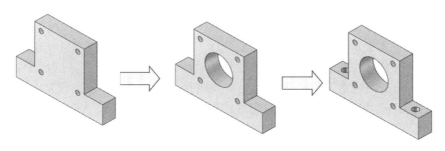

图 2-2　任务分解

相关知识

一、草图绘制实体

1. 绘制直线段

直线段是最基本的图形实体命令，其命令执行方式有两种：

单击"草图"工具栏中的"直线"按钮 ╱。

单击菜单栏中"工具"→"草图绘制实体"→"直线"。

单击"直线"按钮 ╱，在图形区鼠标指针变为 ➤，单击确定直线段的起点，拖动鼠标指针并单击确定直线段的终点，完成直线段的绘制。该命令可以连续绘制一系列相连线段，按键盘上的 Esc 键，完成直线段绘制。

2. 绘制中心线

中心线作为图形绘制中的辅助线，是不可或缺的组成部分，其命令执行方式有两种：

单击"草图"工具栏中的"直线"按钮下的"中心线" ╱。

单击菜单栏中"工具"→"草图绘制实体"→"中心线"。

执行命令后，同绘制直线段一样绘制中心线。

3. 绘制圆

圆是基本的图形实体命令，其命令执行方式有两种：

单击"草图"工具栏中的"圆"按钮 ⊙。

单击菜单栏中"工具"→"草图绘制实体"→"圆"。

单击"圆"按钮 ⊙，在图形区鼠标指针变为 ⚲，单击确定圆心，拖动鼠标指针并单击确定圆的半径，完成圆的绘制。

二、草图工具——草图剪裁

草图剪裁是常用的草图编辑命令。其命令执行方式有两种：

单击"草图"工具栏中的"剪裁实体"按钮 🎜。

单击菜单栏中的"工具"→"草图工具"→"剪裁"。

绘制剪裁草图，如图 2-3 所示。单击"草图"工具栏中的"剪裁实体"按钮 🎜，出现"剪裁"属性管理器，如图 2-4 所示。

SOLIDWORKS 五种剪裁模式：

强劲剪裁：单击鼠标并拖动鼠标画出灰色线，灰色线经过的地方将被剪裁掉。

边角：单击任意相交的两条直线完成边角的选择，两直线交点之外的线段将被剪裁掉。

在内剪除：单击两条水平直线完成边界实体选择，单击两条竖直直线完成要剪裁的实体选择。完成后，位于两条水平直线内的竖直线段将被剪裁掉，如图 2-5（a）所示。

在外剪除：单击两条水平直线完成边界实体选择，单击任意两条竖直直线完成要剪裁的实体选择。完成后，位于两条水平直线之外的竖直线段将被剪裁掉，如图 2-5（b）所示。

剪裁到最近端：单击任意一条直线，直线剪裁到与其他直线最近相交点。

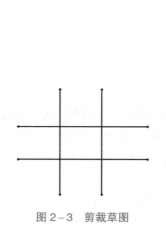

图 2-3　剪裁草图　　　图 2-4　"剪裁"属性管理器　　　图 2-5　在内剪除和在外剪除

（a）在内剪除；（b）在外剪除

三、草图工具——草图镜向

草图镜向是常用的草图编辑命令。其命令执行方式有两种：

单击"草图"工具栏中的"镜向实体"按钮 ⊢⊣。

单击菜单栏中的"工具"→"草图工具"→"镜向"。

绘制镜向草图，如图 2-6 所示。单击"草图"工具栏中的"镜向实体"按钮 ⊢⊣，出现"镜向"属性管理器，激活"要镜向的实体"列表框，选择要镜向的所有要素。激活"镜向轴"列表框，选择中心线，设置如图 2-7 所示。单击"确定"按钮 ✓，完成草图镜向，如图 2-8 所示。

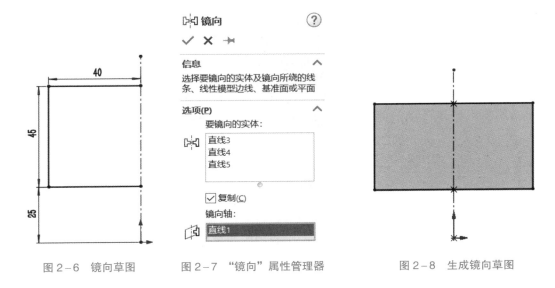

图 2-6 镜向草图　　　　图 2-7 "镜向"属性管理器　　　　图 2-8 生成镜向草图

四、尺寸标注和几何关系

1. 尺寸标注

草图绘制出大致形状后，需要进行尺寸标注，单击"尺寸/几何关系"工具栏中的"智能尺寸"按钮，或者单击"工具"→"尺寸"→"智能尺寸"。

1）线性尺寸的标注

单击"智能尺寸"按钮，然后单击直线，拖动光标，可以自动生成一个长度尺寸。自动生成的尺寸可分为水平、垂直、倾斜三种形式，尺寸形式满足要求，单击确定尺寸标注放置位置，同时出现"修改"对话框，在"修改"对话框中输入尺寸数值，单击"确定"按钮，完成线性尺寸标注。

2）角度尺寸的标注

单击"智能尺寸"按钮，然后单击成角度的两条直线，自动生成一个角度尺寸，单击确定尺寸标注放置位置，同时出现"修改"对话框，在"修改"对话框中输入尺寸数值，单击"确定"按钮，完成角度尺寸标注。

3）圆弧尺寸的标注

单击"智能尺寸"按钮，然后单击圆弧，自动生成一个圆弧尺寸，拖动鼠标，单击确定尺寸标注放置位置，同时出现"修改"对话框，在"修改"对话框中输入尺寸数值，单击"确定"按钮，完成圆弧尺寸标注。

2. 添加几何关系

几何关系是指各绘图实体之间或绘图实体与基准面、轴、边线、端点之间的相对位置关系。例如，两条直线互相平行、两圆同心等都是几何关系。几何关系的作用是给草图准确定位。

1）自动添加几何关系

在图形区绘制草图时，系统会自动添加几何关系，如水平 ▬、垂直 ▮。

2）手动添加几何关系

单击"尺寸/几何关系"工具栏中的"显示/删除几何关系"按钮下的"添加几何关系" ⊥，或者单击"工具"→"关系"→"添加（A）…"。

打开实例源文件"添加几何关系实例"，如图2-9所示。单击"添加几何关系" ⊥，出现"添加几何关系"属性管理器，激活"所选实体"列表框，单击图形区中四个圆，此时在"添加几何关系"列表框下出现所有可能的几何关系，单击"相等"按钮 ＝（右上角圆已完全定义，系统默认与完全定义的圆相等），设置如图2-10（a）所示，单击"确定"按钮 ✓，完成几何关系添加，如图2-10（b）所示。

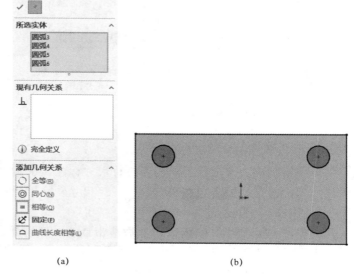

(a)   (b)

图2-9　添加几何关系实例   图2-10　手动添加几何关系

常用的几何关系见表2-1。

表2-1　常用的几何关系

几何关系	要选择的实体	所产生的几何关系
水平━ 竖直┃	一条或多条直线，或两个或多个点	直线会变成水平或竖直（由当前草图的空间定义），而点会水平或竖直对齐
共线／	两条或多条直线	直线会位于同一条无限长的直线上
全等◯	两个或多个圆弧	圆弧会共用相同的圆心和半径
平行＼	两条或多条直线	直线相互平行
垂直⊥	两条直线	两条直线相互垂直
相切♂	圆弧、椭圆或样条曲线，直线或圆弧，以及直线和曲线或三维草图中的曲线	保持相切

几何关系	要选择的实体	所产生的几何关系
同心 ◎	两个或多个圆弧，一个点和一个圆弧	圆弧共用同一圆心
中点 ✐	两条直线或一个点和一条线	点保持位于线段的中点
交叉点 ✗	两条直线和一个点	点保持位于直线的交叉点处
重合 ⅄	一个点和一条直线、圆弧或椭圆	点位于直线、圆弧或椭圆上
相等 ＝	两条或多条直线，或两个或多个圆弧	直线长度或圆弧半径保持相等
对称 ⊿	一条中心线和两个点、直线、圆弧或椭圆	保持与中心线相等距离，并位于一条与中心线垂直的直线上
固定 ⚓	任何实体	实体的大小和位置被固定。然而，固定直线的端点可以自由地沿其下无限长的直线移动。并且圆弧或椭圆段的端点可以随意沿着全圆或椭圆移动
穿透 ◈	一个草图点和一个基准轴、边线、直线或样条曲线	草图点与基准轴、边线或曲线在草图基准面上穿透的位置重合
合并点 ✔	两个草图点或端点	两个点合并成一个点

五、草图几何状态

草图的几何图形有三种状态，SOLIDWORKS 系统分别以黄、蓝、黑三种不同的颜色显示，以利于识别。

1. 过定义 ⌐ ⚠ (+) 草图

在"显示/删除几何关系"属性管理器中几何关系下的图形区域中以黄色出现，表示冗余尺寸或没必要的几何关系。

2. 欠定义 ⌐ (-) 草图

在"显示/删除几何关系"属性管理器中几何关系下的图形区域中以蓝色出现，表示需要添加几何关系或尺寸约束。

3. 完全定义 ⌐ 草图

在"显示/删除几何关系"属性管理器中几何关系下的图形区域中以黑色出现，表示所需的尺寸约束或几何关系都存在。

提示：

局部草图 ⌇ 草图

在使用"特征"命令时，使用草图中的局部轮廓完成特征创建。

草图共享 ⌇ 草图

在使用"特征"命令时，多次使用局部草图轮廓完成特征创建。

六、拉伸特征

拉伸特征是将草图截面沿着指定的方向拉伸而成的特征，它适合构建等截面的实体特征。

1. 凸台-拉伸属性

其命令执行方式有两种：

单击"特征"工具栏中的"拉伸凸台/基体"按钮 。

单击菜单栏"插入"→"凸台/基体"→"拉伸"。

打开实例源文件"拉伸特征实例"，选择 FeatureManager 设计树中的"草图 2"，单击"特征"工具栏中的"拉伸凸台/基体"按钮 ，出现"凸台-拉伸"属性管理器，如图 2-11 所示。

图 2-11 "凸台-拉伸"属性管理器

1)"从"面板

设置拉伸的"开始条件"，有四种设定方式：

草图基准面：从草图所在基准面开始拉伸，如图 2-12（a）所示。

曲面/面/基准面：从指定的曲面、面、基准面之一开始拉伸，如图 2-12（b）所示。

顶点：从指定的顶点开始拉伸，如图 2-12（c）所示。

等距：从与当前草图基准面等距的基准面开始拉伸，如图 2-12（d）所示。

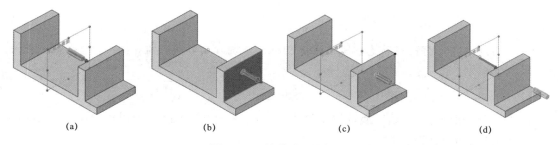

| (a) | (b) | (c) | (d) |

图 2-12 拉伸"开始条件"

（a）草图基准面；（b）曲面/面/基准/面；（c）顶点；（d）等距

2)"方向 1"面板

设置拉伸的"终止条件"，有八种设定方式：

给定深度：从草图基准面以指定的距离拉伸，如图 2-13（a）所示。

完全贯穿：从草图基准面沿拉伸方向完全贯穿所有现有的实体，如图 2-13（b）所示。

拉伸"终止条件"
操作视频

成形到下一面：从草图基准面拉伸到下一面（隔断整个轮廓），如图 2-13（c）所示。

成形到一顶点：从草图基准面拉伸到指定顶点所在的面（此面必须与草图基准面平行），如图 2-13（d）所示。

成形到一面：从草图基准面拉伸到指定的一个面，如图 2-13（e）所示。

到离指定面指定的位置：先选一个面，并输入指定距离，特征拉伸到所选面指定距离终止，如图 2-13（f）所示。

成形到实体：从草图基准面拉伸到指定的实体，常用于装配体中。

两侧对称：以草图基准面为中心向两侧对称拉伸，输入的深度值为总长度，如图2-13（g）所示。

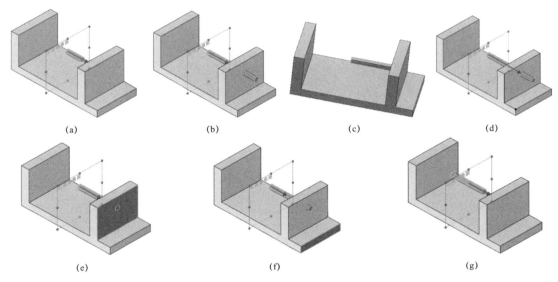

(a) (b) (c) (d)

(e) (f) (g)

图2-13 拉伸"终止条件"

（a）给定深度；（b）完全贯穿；（c）成形到下一面；（d）成形到一顶点；（e）成形到一面；
（f）到离指定面指定的位置；（g）两侧对称

↗ （反向按钮）：与预览中所示方向相反的拉伸特征。

🔲 （拉伸深度）：设置拉伸的深度尺寸。

🔳 （拔模开/关）：创建拉伸特征的同时，对实体进行拔模操作。使用时需要设置拔模角度，还可以根据需要选择向外或向内拔模，如图2-14所示。

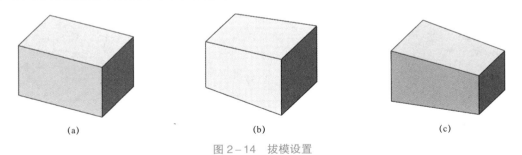

(a) (b) (c)

图2-14 拔模设置

（a）无拔模；（b）向外拔模4°；（c）向内拔摸4°

3）"方向2"面板

如果同时需要从草图基准面两个方向拉伸，则参照"方向1"面板的设置对"方向2"面板进行设置，如图2-15所示。

4）"所选轮廓"面板

允许使用部分草图来生成拉伸特征。在图形区选择的草图轮廓和模型边线将显示在"所

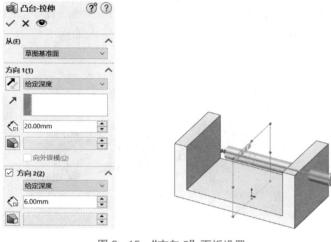

图 2-15 "方向 2" 面板设置

选轮廓"中。

2. 创建拉伸凸台/基体特征

绘制"草图 1",如图 2-16 所示,选择 FeatureManager 设计树中"草图 1",单击"特征"工具栏中的"拉伸凸台/基体"按钮，出现"凸台-拉伸"属性管理器。激活"开始条件"列表框,选择"草图基准面",激活"终止条件",选择"给定深度",并设定深度为25 mm,设置如图 2-17 所示,单击"确定"按钮，完成拉伸特征创建,如图 2-18 所示。

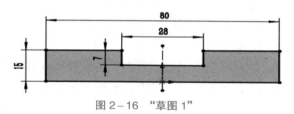

图 2-16 "草图 1"

图 2-17 "凸台-拉伸"属性管理器

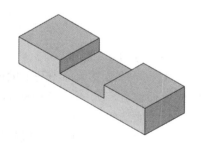

图 2-18 完成拉伸特征创建

任务实施

步骤一：生成气缸固定块基本体

一、进入草图绘制环境

（1）建立新文件。单击"新建"按钮 ，在弹出的"新建 SOLIDWORKS 文件"对话框中单击"零件"图标，单击"确定"按钮 确定 ，进入零件设计工作环境。

（2）确定草图绘制平面。单击 FeatureManager 设计树中的"前视基准面"图标，在弹出的关联菜单栏中选择"草图绘制"按钮 ，如图 2-19 所示，视图自动转正，进入草图绘制环境。

图 2-19 草图绘制

二、草图绘制

（1）绘制中心线。单击"草图"工具栏中的"中心线"按钮 ，过原点向上绘制竖直中心线。

（2）绘制直线。单击"草图"工具栏中的"直线"按钮 ，过原点绘制如图 2-20 所示的图形。

（3）标注尺寸。

① 标注 94 mm 的尺寸。由于该草图是对称图形，注意对称结构的尺寸标注。单击"尺寸/几何关系"工具栏中的"智能尺寸"按钮 ，单击被测线段端点，然后单击中心线，将尺寸线放置在中心线的另一侧，拖动鼠标并单击确定尺寸线位置，出现"修改"对话框，将尺寸改为 94 mm，对称图形的尺寸标注完成。

② 标注 64 mm 的尺寸。单击"草图"工具栏中的"智能尺寸"按钮 ，单击被测尺寸两端点，拖动鼠标并单击确定尺寸线位置，出现"修改"对话框，将尺寸改为 64 mm，进行尺寸标注。

③ 标注 20 mm 的尺寸。单击"草图"工具栏中的"智能尺寸"按钮 ，单击被测线段，拖动鼠标并单击确定尺寸线位置，出现"修改"对话框，将尺寸改为 20 mm，进行尺寸标注。

（4）绘制圆。单击"草图"工具栏中的"圆"按钮 ，在大致位置单击确定圆心，拖动鼠标并单击，绘制圆。按照以上操作，在竖直方向上绘制另一个圆。

（5）标注尺寸。

① 标注 ϕ4.8 mm 的尺寸。单击"草图"工具栏中的"智能尺寸"按钮 ，单击圆，拖动鼠标并单击确定尺寸线位置，出现"修改"对话框，将尺寸改为 ϕ4.8 mm，进行尺寸标注。

② 标注 18 mm 的尺寸。单击"草图"工具栏中的"智能尺寸"按钮 ，单击圆心与被测线段，拖动鼠标并单击确定尺寸线位置，完成尺寸 18 mm 的标注。

③ 标注 40 mm 的尺寸。单击"草图"工具栏中的"智能尺寸"按钮 ，单击两圆心，标注两点之间的距离为 40 mm。

④ 标注对称结构 40 mm 的尺寸。单击"尺寸/几何关系"工具栏中的"智能尺寸"按钮 ✦，单击圆心，然后单击中心线，移动鼠标，将尺寸线放置在中心线的另一侧，出现"修改"对话框，将尺寸改成 40 mm，对称结构尺寸标注完成。

⑤ 完全定义草图。为φ4.8 mm 两圆的圆心添加竖直几何关系，草图的颜色显示为黑色，表示草图完全定义，如图 2−21 所示。

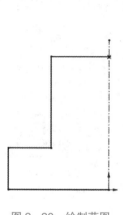

图 2−20　绘制草图

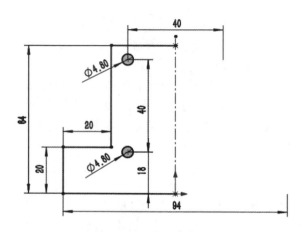

图 2−21　完全定义的草图

（6）镜向。

对草图直线段进行镜向。单击"草图"工具栏中的"镜向实体"按钮 ⋈，出现"镜向"属性管理器，激活"要镜向的实体"列表框，选择要镜向的所有要素。激活"镜向轴"列表框，选择中心线，设置如图 2−22 所示。单击"确定"按钮 ✓，完成草图镜向，此时草图的颜色显示为黑色，表示镜向后的草图仍然完全定义，如图 2−23 所示。

图 2−22　"镜向"属性管理器设置

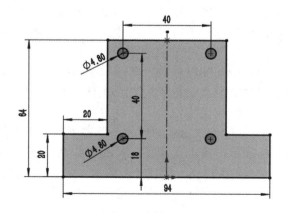

图 2−23　镜向后的草图完全定义

三、退出草图绘制模式

单击图形区右上角的按钮  ，退出草图绘制环境。此时在 FeatureManager 设计树中显示已完成的"草图 1"的名称，如图 2-24 所示。

四、拉伸生成气缸固定块基本体

选择 FeatureManager 设计树中的"草图 1"，单击"特征"工具栏中的"拉伸凸台/基体"按钮 ，出现"凸台-拉伸"属性管理器，"终止条件"选择"两侧对称"，并设定深度为 14 mm，设置如图 2-25 所示，单击"确定"按钮 ，生成基本体，如图 2-26 所示。

图 2-24　已完成的
"草图 1"的名称

图 2-25　"凸台-拉伸"属性管理器设置

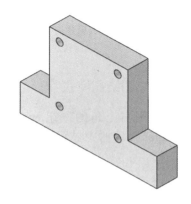

图 2-26　生成基本体

步骤二：拉伸切除生成 ϕ30 mm 的圆孔

一、绘制草图

（1）确定草图绘制平面。单击 FeatureManager 设计树中的"前视基准面"图标，在弹出的关联菜单栏中选择"草图绘制"按钮 ，单击"前导视图"工具栏中的"正视于"按钮 ，将视图转正。

（2）绘制 ϕ30 mm 的圆。单击"草图"工具栏中的"圆"按钮 ，在大致位置确定圆心，拖动鼠标并单击，绘制圆，如图 2-27 所示。

（3）标注尺寸。单击"草图"工具栏中的"智能尺寸"按钮 ，单击圆，拖动鼠标并单击确定尺寸线位置，出现"修改"对话框，将尺寸改为 ϕ30 mm；单击圆心和原点，标注两点之间的距离为 38 mm。此时草图显示为蓝色，表示该草图为欠定义。

（4）完全定义草图。单击"尺寸/几何关系"工具栏中的"添加几何关系"按钮 ，出现"添加几何关系"属性管理器，激活"所选实体"列表框，单击圆心和原点，在"添加几何关系"列表框中单击"竖直"按钮，设置如图 2-28 所示，单击"确定"按钮 ，此时草图为黑色，如图 2-29 所示，说明草图完全定义。

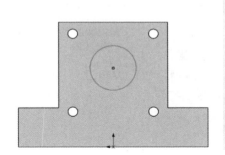

图 2-27 ϕ30 mm 圆的大致位置

图 2-28 "添加几何关系"属性管理器设置

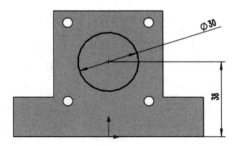

图 2-29 完全定义的草图

二、退出草图绘制模式

单击图形区右上角的按钮 ，退出草图绘制环境。此时在 FeatureManager 设计树中显示已完成的"草图 2"的名称，如图 2-30 所示。

三、生成ϕ30 mm 的圆孔

选择 FeatureManager 设计树中的"草图 2"，单击"特征"工具栏中的"拉伸切除"按钮 ，出现"切除－拉伸"属性管理器，"终止条件"选择"两侧对称"，并设定深度为 14 mm，设置如图 2-31 所示，单击"确定"按钮 ，生成ϕ30 mm 圆孔，如图 2-32 所示。

图 2-30 已完成的 "草图 2"的名称

图 2-31 "切除－拉伸"属性管理器设置

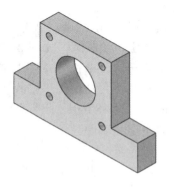

图 2-32 生成ϕ30 mm 圆孔

步骤三：生成ϕ6.5 mm 的圆孔

一、草图绘制

（1）确定草图绘制平面。单击图形区固定块右侧上端面，在弹出的关联菜单栏中选择"草图绘制"按钮，单击"前导视图"工具栏中的"正视于"按钮，将视图转正。

（2）绘制ϕ6.5 mm 的圆。单击"草图"工具栏中的"圆"按钮，在大致位置确定圆心，拖动鼠标并单击，绘制圆，如图 2－33 所示。

图 2－33　ϕ6.5 mm 圆的大致位置

（3）标注ϕ6.5 mm 圆的尺寸。单击"草图"工具栏中的"智能尺寸"按钮，单击被测圆，拖动鼠标并单击确定尺寸线位置，弹出"修改"对话框，将尺寸改为ϕ6.5 mm；单击圆心和边线，标注两者之间的距离为 10 mm。此时草图显示为蓝色，表示该草图为欠定义。

（4）完全定义草图。单击"尺寸/几何关系"工具栏中的"添加几何关系"按钮，出现"添加几何关系"属性管理器。激活"所选实体框"列表框，单击两圆心和原点，在"添加几何关系"列表框中单击"水平"按钮，设置如图 2－34 所示，单击"确定"按钮，此时草图为黑色，如图 2－35 所示，说明草图完全定义。

图 2－34　"添加几何关系"
属性管理器设置

图 2－35　完全定义的草图

二、退出草图绘制

单击图形区右上角的按钮，退出草图绘制环境。此时在 FeatureManager 设计树中显示的"草图 3"为已完成草图的名称。

三、生成φ6.5 mm的圆孔

选择 FeatureManager 设计树中的"草图 3"，单击"特征"工具栏中的"拉伸切除"按钮，出现"切除－拉伸"属性管理器，"终止条件"选择"完全贯穿"，设置如图 2－36 所示，单击"确定"按钮，生成φ6.5 mm 圆孔，如图 2－37 所示。

图 2－36 "切除－拉伸"属性管理器设置

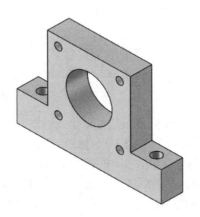

图 2－37 生成φ6.5 mm 圆孔

任务拓展

链节如图 2－38 所示，任务分解如图 2－39 所示。本任务要求完成该零件的三维设计。

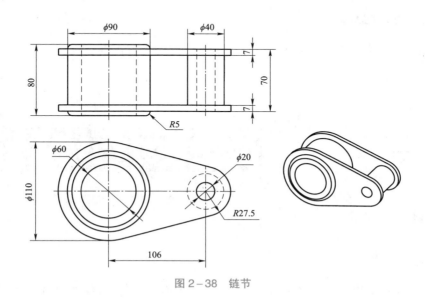

图 2－38 链节

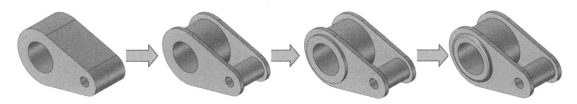

图 2-39 任务分解

步骤一：生成链节基本体

一、进入草图绘制环境

（1）建立新文件。单击"新建"按钮□，在弹出的"新建 SOLIDWORKS 文件"对话框中单击"零件"图标，单击"确定"按钮 ▭ 确定 ，进入零件设计工作环境。

（2）确定草图绘制平面。单击 FeatureManager 设计树中的"前视基准面"图标，在弹出的关联菜单栏中选择"草图绘制"按钮└，视图自动转正，进入草图绘制环境。

二、草图绘制

（1）绘制中心线。单击"草图"工具栏中的"中心线"按钮╱，过原点绘制水平中心线。

（2）绘制圆。单击"草图"工具栏中的"圆"按钮⊙，以中心线两端点为圆心，拖动鼠标并单击，绘制圆，如图 2-40 所示。

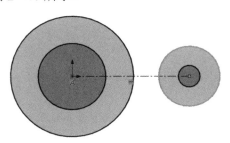

图 2-40 绘制圆

（3）尺寸标注。

① ϕ110 mm、ϕ60 mm、ϕ55 mm、ϕ20 mm 的尺寸标注。单击"尺寸/几何关系"工具栏中的"智能尺寸"按钮╲，依次标注尺寸 ϕ110 mm、ϕ60 mm、ϕ55 mm、ϕ20 mm。

② 尺寸 106 mm 的标注。单击"尺寸/几何关系"工具栏中的"智能尺寸"按钮╲，单击两处圆心，进行圆的尺寸标注，如图 2-41 所示。

（4）绘制直线段。单击工具栏中的"直线"按钮╱，在两圆上下两侧大致位置绘制直线段，如

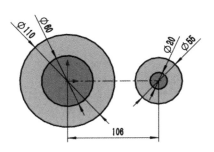

图 2-41 圆的尺寸标注

图 2-42 所示。

（5）完全定义草图。单击"尺寸/几何关系"工具栏中的"添加几何关系"按钮 ⊥，出现"添加几何关系"属性管理器，激活"所选实体"列表框，选取直线段和圆，在"添加几何关系"中单击"相切"按钮 ♂，单击"确定"按钮 ✓，为直线段和圆添加几何关系，该图形有四处相切的地方，在直线段和圆相切的地方出现 ♂ 符号，如图 2-43 所示。

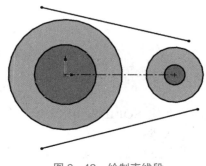

图 2-42　绘制直线段

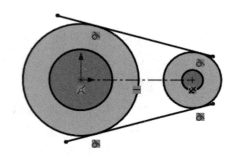

图 2-43　相切几何关系

（6）剪裁多余线段。单击"草图"工具栏中的"剪裁实体"按钮 ⊁，出现"剪裁"属性管理器，如图 2-44 所示。单击 ├─ 剪裁到最近端(T)，在草图中选择多余的直线和圆弧，剪裁后的草图如图 2-45 所示。

（7）单击图形区右上角的按钮 ↳，退出草图绘制环境。此时在 FeatureManager 设计树中显示已完成的"草图 1"的名称。

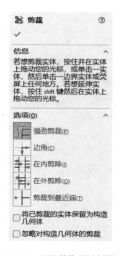

图 2-44　"剪裁"属性管理器

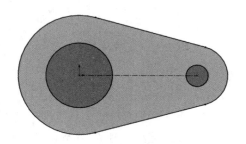

图 2-45　剪裁后的草图

三、拉伸生成链节基本体

选择 FeatureManager 设计树中的"草图 1"，单击"特征"工具栏中的"拉伸凸台/基体"按钮 ⬛，出现"凸台-拉伸"属性管理器，"终止条件"选择"两侧对称"，并设定深度为 70 mm，设置如图 2-46 所示，单击"确定"按钮 ✓，生成基本体，如图 2-47 所示。

图 2-46 "凸台-拉伸"属性管理器设置

图 2-47 生成基本体

步骤二：拉伸切除生成链节

一、绘制草图

（1）确定草图绘制平面。单击 FeatureManager 设计树中的"前视基准面"图标，在弹出的关联菜单栏中选择"草图绘制"按钮，单击"前导视图"工具栏中的"正视于"按钮，将视图转正。

（2）绘制 $\phi90$ mm、$\phi40$ mm 的圆。单击"草图"工具栏中的"圆"按钮，在大致位置确定圆心，拖动鼠标并单击，绘制圆。

（3）标注尺寸。单击"草图"工具栏中的"智能尺寸"按钮，单击被测圆，拖动鼠标并单击确定尺寸线位置，弹出"修改"对话框，将尺寸改为 $\phi90$ mm。使用同样方法完成 $\phi40$ mm 圆的修改。如图 2-48 所示。

（4）单击图形区右上角的按钮，退出草图绘制环境。此时在 FeatureManager 设计树中显示已完成的"草图 2"的名称。

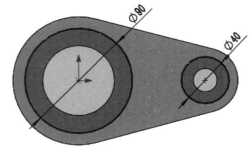

图 2-48 绘制 $\phi90$ mm、$\phi40$ mm 的圆

二、反侧切除实体

选择 FeatureManager 设计树中的"草图 2"，单击"特征"工具栏中的"拉伸切除"按钮，出现"拉伸-切除"属性管理器，"终止条件"选择"两侧对称"，并设定深度为 56 mm，选择"反侧切除"，设置如图 2-49 所示，单击"确定"按钮，完成实体切除，如图 2-50 所示。

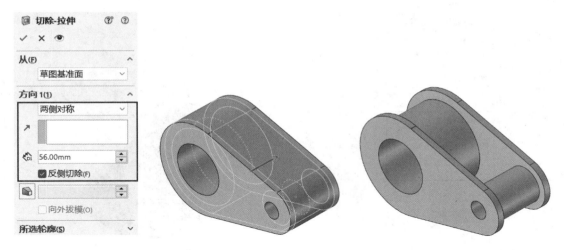

图 2-49 "切除-拉伸"属性管理器设置   图 2-50 完成实体切除

步骤三：拉伸生成 φ90 mm 的凸台

一、绘制草图

（1）确定草图绘制平面。单击 FeatureManager 设计树中的"前视基准面"图标，在弹出的关联菜单栏中选择"草图绘制"按钮 🗔，单击"前导视图"工具栏中的"正视于"按钮 🡅，将视图转正。

（2）绘制 φ90 mm、φ60 mm 的圆。单击"草图"工具栏中的"圆"按钮 ⊙，在大致位置确定圆心，拖动鼠标并单击，绘制圆。

（3）标注尺寸。单击"草图"工具栏中的"智能尺寸"按钮 🖉，单击被测圆，拖动鼠标并单击确定尺寸线位置，弹出"修改"对话框，将尺寸改为 φ90 mm。使用同样的方法完成 φ60 mm 圆的修改。如图 2-51 所示。

（4）单击图形区右上角的按钮 ⤶，退出草图绘制环境。此时在 FeatureManager 设计树中显示已完成的"草图 3"的名称。

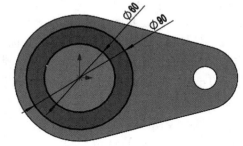

图 2-51 绘制 φ90 mm、φ60 mm 的圆

二、生成 φ90 mm 的凸台

选择 FeatureManager 设计树中的"草图 3"，单击"特征"工具栏中的"拉伸凸台/基体"按钮 🗔，出现"凸台-拉伸"属性管理器，"终止条件"选择"两侧对称"，并设定深度为 80 mm，"合并结果"系统默认勾选，设置如图 2-52 所示，单击"确定"按钮 ✓，生成凸台，如图 2-53 所示。

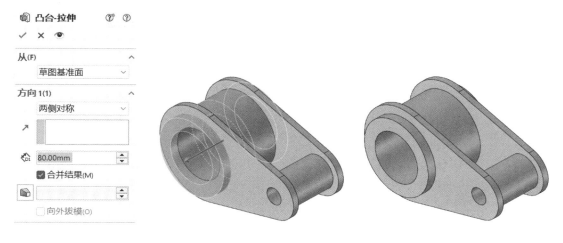

图2-52 "凸台-拉伸"属性管理器设置   图2-53 生成凸台

步骤四：创建 R5 mm 的圆角特征

单击"特征"工具栏中的"圆角"按钮，出现"圆角"属性管理器。激活"要圆角化的项目"列表框，单击要圆角化的边线<1>和边线<2>，圆角尺寸为 R5 mm，设置如图2-54所示，单击"确定"按钮，生成圆角特征，生成链节，如图2-55所示。

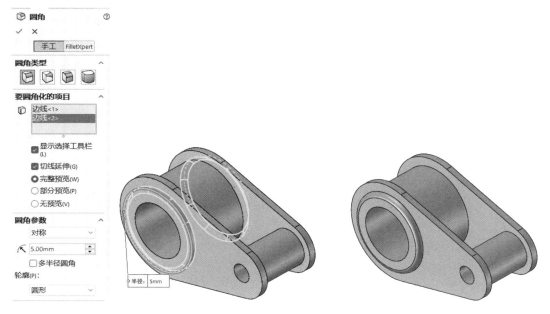

图2-54 "圆角"属性管理器设置   图2-55 生成链节

任务评价

任务评分表

评价项目	评价标准	参考分值	学生自评（15%）	学生互评（15%）	教师评价（70%）
基准面/基准轴的选择或建立	基准面/基准轴的选择或建立合理、准确	15			
草图的绘制	草图原点选择合理，无多余线条，无多余尺寸；尺寸标注规范，符合图纸要求；草图完全定义	40			
特征的创建	无冗余特征；特征参数设置合理、准确	20			
操作熟练度	步骤操作熟练、高效	10			
素质	发散思维、善于动脑，达到或超越任务素质目标	15			
总评					

任务小结 NEWS!

本任务主要介绍了草图绘制实体（直线、中心线、圆）、草图工具（剪裁）的相关操作，草图的约束和编辑、草图的几何状态以及镜向特征、拉伸特征的基本操作。草图绘制是 SOLIDWORKS 的基础知识，掌握这些基本操作方法，并且能够灵活运用，为下一步的学习打下良好基础。本任务的学习，应该重点掌握草图绘制实体、尺寸标注、几何关系等命令的使用，进一步加深对 SOLIDWORKS 的认识。

练 习 题

1. 完成如图 2-56 所示定位块的三维设计。

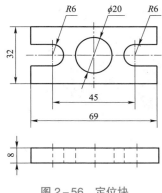

图 2-56 定位块

2. 完成如图 2-57 所示定位块的三维设计。

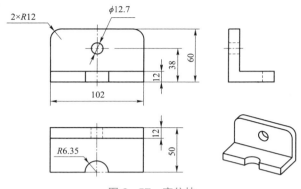

图 2-57 定位块

3. 参照表 2-2 和图 2-58 所示完成支座零件建模。求模型的体积。

表 2-2 位置与尺寸

位置	A	B	C
尺寸	58	35	60

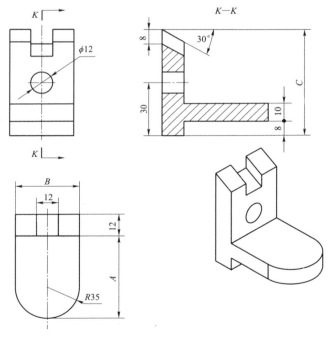

图 2-58 支座

任务三　调整座设计

 任务描述

技能目标：

能够使用草图绘制工具进行草图绘制。

能够使用异形孔向导特征、倒角特征、阵列特征进行参数化设计。

知识目标：

掌握直槽口绘制方法，理解几何关系的添加方法。

掌握异形孔向导特征、倒角特征、阵列特征。

素质目标：

通过本任务的学习，使学生将机械设计、机械工程材料的相关知识进行结合，培养学生的品质意识，培养严谨细致和乐于思考的工匠精神。

严谨细致、
排除万难

任务引入

不锈钢管焊接机调整座如图 3−1 所示，本任务要求完成该零件的三维数字化设计。

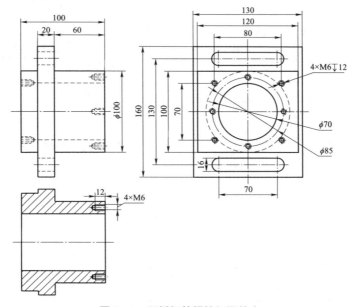

调整座设计
操作视频

图 3−1　不锈钢管焊接机调整座

任务分解如图 3-2 所示。

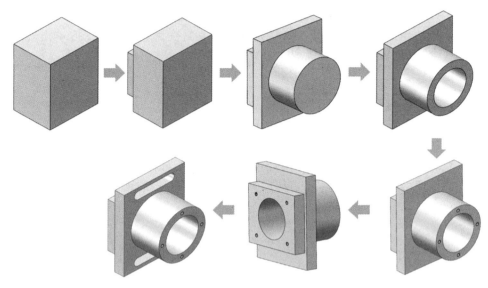

图 3-2　任务分解

相关知识

一、草图绘制实体——矩形

SOLIDWORKS 提供了五种绘制矩形的方法：边角矩形、中心矩形、3 点边角矩形、3 点中心矩形、平行四边形。

1. 边角矩形

其命令执行方式有两种：

单击"草图"工具栏中的"边角矩形"按钮 □ 。

单击菜单栏"工具"→"草图绘制实体"→"边角矩形"。

单击"边角矩形"按钮 □ ，在图形区鼠标指针变为 ，第一次单击确定矩形的第 1 个顶点，拖动鼠标到合适位置，再次单击确定矩形的第 2 个顶点，两点为矩形的对角点。

2. 中心矩形

其命令执行方式有两种：

单击"草图"工具栏中的"中心矩形"按钮 □ 。

单击菜单栏"工具"→"草图绘制实体"→"中心矩形"。

选中"中心矩形"按钮 □ ，在图形区鼠标指针变为 ，第一次单击确定矩形的中心点，拖动鼠标到合适位置，再次单击确定矩形的顶点，从而完成中心矩形的绘制。

3. 3点边角矩形

其命令执行方式有两种：

单击"草图"工具栏中的"3点边角矩形"按钮 ◇。

单击菜单栏"工具"→"草图绘制实体"→"3点边角矩形"。

单击"3 点边角矩形"按钮 ◇，在图形区鼠标指针变为 ◇，在图形区单击三次，依次确定矩形的3个顶点，从而完成3点边角矩形的绘制。

4. 3点中心矩形

其命令执行方式有两种：

单击"草图"工具栏中的"3点中心矩形"按钮 ◇。

单击菜单栏"工具"→"草图绘制实体"→"3点中心矩形"。

单击"3 点中心矩形"按钮 ◇，在图形区鼠标指针变为 ◇，在合适位置第一次单击确定矩形的中心点，拖动鼠标第二次单击，从而确定矩形方向，最后拖动鼠标第三次单击，确定矩形的大小。

5. 平行四边形

其命令执行方式有两种：

单击"草图"工具栏中的"平行四边形"按钮 ▱。

单击菜单栏"工具"→"草图绘制实体"→"平行四边形"。

单击"平行四边形"按钮 ▱，在图形区鼠标指针变为 ◇，第一次单击确定平行四边形的起点，拖动鼠标第二次单击，从而确定平行四边形的一边，最后拖动鼠标第三次单击，确定平行四边形的大小和形状。

二、基准轴

基准轴是创建特征的辅助轴线，可用于生成草图几何体或用于圆周阵列等。

1. 临时基准轴的显示

SOLIDWORKS 中创建的圆柱、圆锥和圆孔等回转体的中心线可以作为临时基准轴。需要时可以显示基准轴，临时基准轴显示为蓝色，如图3-3所示。

其命令执行方式有两种：

单击"前导视图"工具栏中"隐藏所有类型"下的"观阅临时轴"按钮 。

单击菜单栏"视图"→"显示/隐藏"→"临时轴"。

2. 创建基准轴

根据需要可以创建基准轴作为辅助轴线。

其命令执行方式有两种：

单击"特征"工具栏中"参考几何体"下的"基准轴"按钮 ∕。

单击菜单栏"插入"→"参考几何体"→"基准轴" ∕。

创建执行命令之后，出现"基准轴"属性管理器，如图 3-4 所示，提供了五种创建基准轴的方式。

图3-3 临时基准轴的显示

图3-4 "基准轴"属性管理器

▱ 直线/边线/轴（O）：以草图的边线或直线创建基准轴。

▱ 两平面（T）：以两平面或两基准面的交线创建基准轴。

▱ 两点/顶点（W）：以两点的连线创建基准轴。

▱ 圆柱/圆锥面（C）：以圆柱或圆锥面的中心线创建基准轴。

▱ 点和面/基准面（P）：过指定的点垂直于所选的面创建基准轴。

三、阵列特征

阵列特征是指将选择的特征作为源特征进行组复制，从而创建与源特征相同或相关联的子特征。阵列特征完成后，源特征和子特征成为一个整体，可将它们作为一个特征进行相关操作，如删除、修改等。如果修改了源特征，则阵列特征中的所有子特征也随之更改。SOLIDWORKS提供了七种类型的阵列特征：线性阵列、圆周阵列、曲线驱动的阵列、草图驱动的阵列、表格驱动的阵列、填充阵列和变量阵列，其中，常用的是前两种。

1. 线性阵列

线性阵列是指沿一个或两个相互垂直的线性路径阵列源特征。

其命令执行方式有两种：

单击"特征"工具栏中"线性阵列"按钮 ▱。

单击菜单栏"插入"→"阵列/镜向"→"线性阵列"

打开实例源文件"线性阵列特征实例"，单击"特征"工具栏中的"线性阵列"按钮 ▱，出现"线性阵列"属性管理器，如图3-5所示。常用的是默认状态下的基本线性阵列，另外，在"选项"面板中有"随性变化"和"几何体阵列"。

图3-5 "线性阵列"属性管理器

1）基本线性阵列

（1）"特征和面"面板：可对特征（切除、孔或凸台等）或零件上的表面进行阵列。特征或面可直接在图形区域或设计树中进行选择（也可以在执行阵列命令前，从图形区域或设计树中选择要阵列的特征或面）。

（2）"方向1"面板：

阵列方向：指定阵列的方向，单击列表框，在图形区选择模型的一条边线作为阵列的第一个方向，所选边线或尺寸线的名称将出现在该列表框中。如果图形区域中表示阵列方向的箭头不正确，可以单击"反向"按钮 🡥，反转阵列方向。

🡥（间距）：指定阵列特征之间的距离。

🡥（实例数）：指定该方向阵列的特征数目（包含源特征），如图3-6所示。

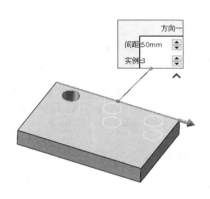

图3-6 "方向1"设置

（3）"方向2"面板：如果需要在另外一个方向同时生成线性阵列，则参照"方向1"面板的设置对"方向2"面板进行设置。不同的是，"方向2"面板中有一个"只阵列源"复选框，选中此复选框则表示在"方向2"中复制源特征，而不复制"方向1"中生成的其他子样本特征，如图3-7所示。

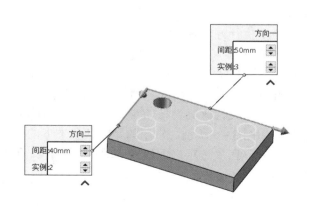

图3-7 "方向2"设置

（4）"实体"面板：可对整个零件实体进行阵列。

（5）"可跳过的实例"面板：如果需要跳过某个阵列子特征，可在"线性阵列"属性管理器中单击 （可跳过的实例）列表框，并在图形区域选择想要跳过的某个阵列子特征，这个特征将显示在该列表框中，如图 3-8 所示。

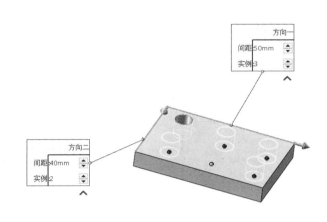

图 3-8 "可跳过的实例"设置

（6）"变化的实例"面板：选中"变化的实例"复选框可设置沿两个方向生成阵列特征时的距离增量，如图 3-9 所示。每增加一个实例数，"间距"在前一个距离的基础上增加一个增量数值。

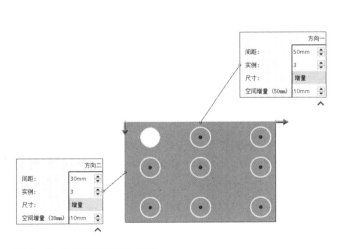

图 3-9 "变化的实例"设置

2）随形变化阵列

选择随形变化阵列可使阵列实例重复时改变其尺寸。随形阵列有两点不同：需要一个线性尺寸作为阵列的参考方向；需要提前定出特征随形变化时的"形"，也就是其变化的边界，并且定义特征草图与边界的几何关系。

打开实例源文件"随形变化阵列实例"，选择 FeatureManager 设计树中的"切除–拉伸 1"，单击"特征"工具栏中的"线性阵列"按钮，出现"线性阵列"属性管理器，单击"方向 1"列表框，在图形区中选择水平尺寸 5，（间距）设置为 7 mm，（实例数）设置为 5，在"选项"面板中勾选"随形变化"复选项，设置如图 3–10（a）所示。单击"确定"按钮，完成随形变化阵列，如图 3–10（b）所示。

随性变化阵列
操作视频

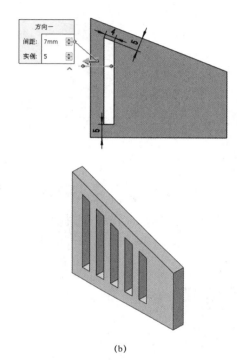

(a)　　　　　　　　　　　　　　　　　　(b)

图 3–10　随形变化阵列实例

3）几何体阵列

当特征有关联性（如成形到下一面、成形到实体、成形到指定面的距离等）时，对特征进行线性阵列，软件会进行相应的计算。选中"几何体阵列"，则意味着关联性的特征的关联参数会失效，即阵列时选用的特征的状态为最终状态，阵列时不再计算每一个特征的关联条件，而把此特征当作一个普通的特征进行处理。

几何体阵列
操作视频

打开实例源文件"几何体阵列实例"，选择 FeatureManager 设计树中的"凸台–拉伸 2"，单击"特征"工具栏中的"线性阵列"按钮，出现"阵列（线性）"属性管理器，单击"方向 1"列表框，在图形区域中选择阵列方向，（间距）设置为 10 mm，（实例数）设置为 5，在"选项"面板中，"几何体阵列"复选项为取消勾选状态，单击"确定"按钮，如图 3–11 所示。

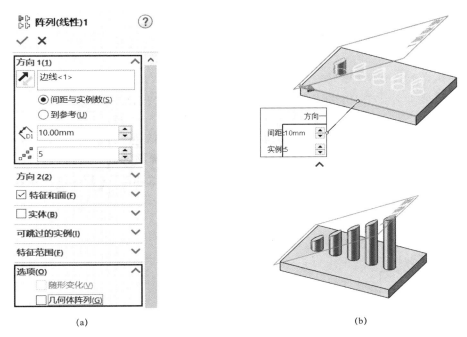

(a)   (b)

图 3-11   非几何体阵列实例

当阵列需要选用的特征的状态为最终状态时，则按上述操作，在"选项"面板中勾选"几何体阵列"复选项，单击"确定"按钮，如图 3-12 所示。

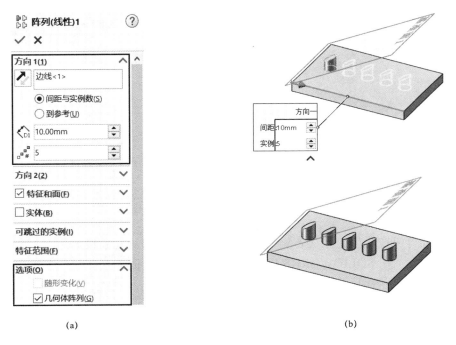

(a)   (b)

图 3-12   几何体阵列实例

2. 圆周阵列

圆周阵列主要用于绕中心轴沿圆周方向阵列源特征,主要用在圆周方向特征均匀分布的情况。

其命令执行方式有两种:

单击"特征"工具栏中"线性阵列"下的"圆周阵列"按钮 🔅。

单击菜单栏"插入"→"阵列/镜向"→"圆周阵列"。

打开实例源文件"圆周阵列实例",大圆柱的临时轴以蓝色显示。选择 FeatureManager 设计树中的"切除-拉伸 1",单击"特征"工具栏中的"圆周阵列"按钮 🔅,出现"阵列(圆周)"属性管理器,选择大圆柱的基准轴作为阵列轴,设置如图 3-13(a)所示。单击"确定"按钮 ✓,完成的圆周阵列,如图 3-13(b)所示。

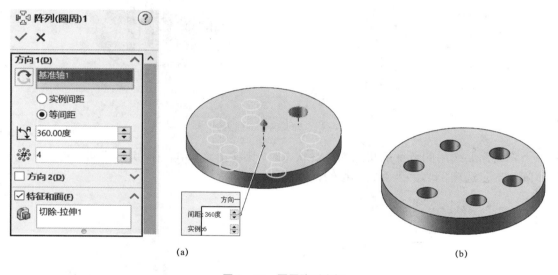

(a)   (b)

图 3-13   圆周阵列实例

提示:

"阵列(圆周)"属性管理器中,"方向 1"除了选择临时轴或基准轴外,还可以选择圆柱面的外圆面或内孔表面,此时圆柱面的外圆面或内孔表面的轴线为阵列中心。

四、异形孔特征

钻孔特征可以在模型上生成各类的孔特征。在平面上放置孔并设定深度,通过标注尺寸来指定孔的位置。在 SOLIDWORKS 中,孔特征分为三种:简单直孔、高级孔和异形孔。这里只介绍简单直孔和异形孔。

1. 简单直孔

应用简单直孔可以生成一个简单的、不需要其他参数修饰的直孔,在平面上创建各种直径和深度的直孔。

其命令执行方式有两种：

单击"特征"工具栏中的"简单直孔"按钮 。

单击菜单栏"插入"→"特征"→"简单直孔" 。

1）简单直孔的创建

打开实例源文件"简单直孔实例"，单击菜单栏"插入"→"特征"→"简单直孔"命令 ，选择零件上表面作为直孔的创建平面，出现"孔"属性管理器，如图 3-14 所示，其中，"开始条件"和"终止条件"的选项与拉伸特征的相同。

2）简单直孔的定位

在"孔"属性管理器中，没有孔的定位尺寸选项，退出"孔"属性管理器后，单击 FeatureManager 设计树中的"孔 1"图标，在弹出的关联菜单中单击"草图绘制"按钮 ，进入草图绘制环境，标注尺寸，如图 3-15 所示。

图 3-14 "孔"属性管理器

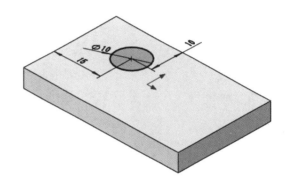

图 3-15 简单直孔的定位

2. 异形孔

异形孔包括柱形沉头孔、锥形沉头孔、孔、直螺纹孔、锥形螺纹孔、旧制孔、柱孔槽孔、锥孔槽孔、槽口。通过异形孔向导可以生成基准面上的孔，或者在平面和非平面上生成孔。孔生成步骤包括异形孔生成和异形孔的定位两个过程。下面将重点讲解柱形沉头孔特征的创建，其他异形孔特征的创建与其基本相同。

异形孔向导
操作视频

其命令执行方式有两种：

单击"特征"工具栏中的"异形孔向导"按钮 。

单击菜单栏"插入"→"特征"→"异形孔向导"。

执行命令后，出现"孔规格"属性管理器，如图 3-16 所示。

（1）"类型"标签，设定孔类型参数。

"孔类型"面板：柱形沉头孔、锥形沉头孔、孔、直螺纹孔等，"孔规格"选项会根据孔类型而有所不同。

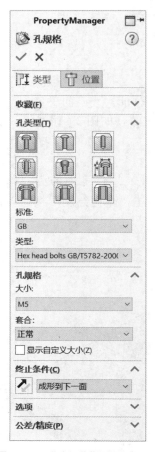

图 3-16 "孔规格"属性管理器

"标准"面板：选择与柱形沉头孔连接的紧固件的标准，如 ISO、GB 等。

"大小"面板：选择柱形沉头孔对应紧固件的尺寸。

显示自定义大小：如果想自己确定孔的特征，可以选中"显示自定义大小"复选项，然后设置相关参数。

"终止条件"面板：确定成形的位置。

"选项"面板：

螺钉间隙：用于设置螺钉顶部到孔端面的间隙值，将把设定值添加到紧固件头之上。

近端锥孔：用于设置近端锥形沉头孔的直径和角度。

螺钉下锥孔：用于设置下端锥形沉头孔的直径和角度。

远端锥孔：用于设置远端锥形沉头孔的直径和角度。

（2）"位置"标签，使用尺寸、草图工具、草图捕捉和推理线来定位孔中心。

打开实例源文件"异形孔向导实例"，单击"特征"工具栏中的"异形孔向导"按钮 ，出现"孔规格"属性管理器，选择"孔类型"面板中的"柱形沉头孔" ，设置"孔类型""孔规格""终止条件"面板参数，如图 3-17 所示。

异形孔生成后，切换至"位置"标签 ，在零件上选择要生成柱形沉头孔特征的平面，此时鼠标指针变为 。单击选择孔的大致位置，如图 3-18 所示，按键盘上的 Esc 键退出孔的放置。

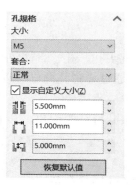

图 3-17 "柱形沉头孔"参数设置

单击"前导视图"工具栏中的"正视于"按钮 ，将视图转正。单击"草图"工具栏中的"智能尺寸"按钮，标注孔的位置，如图 3-19 所示。单击"确定"按钮，即可完成孔的生成和定位，如图 3-20 所示。

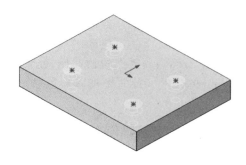

图 3-18　选择柱形沉头孔的大致位置

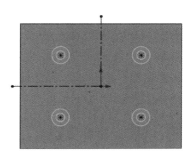
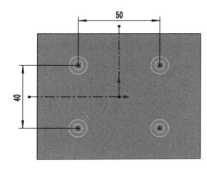

图 3-19　标注孔的具体位置

提示:

1. 当符合阵列条件时,建议先创建单个孔,再使用"阵列"特征完成所有孔的创建。

2. 在定义孔的位置时,当绘制等分相交的中心线时,中心线交点处会产生一个多余的孔,此时可选择孔的圆心点,右击,选择"删除"。

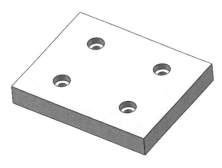

图 3-20　生成柱形沉头孔

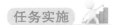

步骤一:生成长方体基体

一、进入草图绘制环境

(1) 建立新文件。单击"新建"按钮 ,在弹出的"新建 SOLIDWORKS 文件"对话框中单击"零件"图标,单击"确定"按钮 ，进入零件设计工作环境。

(2) 确定草图绘制平面。单击 FeatureManager 设计树中的"右视基准面"图标,在弹出的关联菜单栏中选择"草图绘制"按钮 ,视图自动转正,进入草图绘制环境。

二、草图绘制

(1) 绘制矩形。单击"草图"工具栏中的"中心矩形"按钮 ,单击原点确定矩形的中心点，拖动鼠标并单击，绘制一个矩形，如图 3-21（a）所示。

（2）标注尺寸。单击"尺寸/几何关系"工具栏中的"智能尺寸"按钮 ，单击水平线，拖动鼠标并单击确定尺寸线位置，出现"修改"对话框，将尺寸改为 130 mm，按照此方法标注 160 mm 的尺寸。此时图形以黑色显示，表示此草图完全定义，如图 3-21（b）所示。

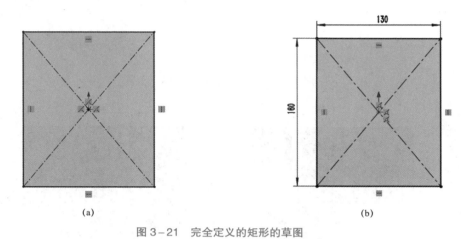

(a)　　　　　　　　　　　　　(b)

图 3-21　完全定义的矩形的草图

三、退出草图绘制模式

单击图形区右上角的按钮 ，退出草图绘制环境。此时在 FeatureManager 设计树中显示已完成的"草图 1"的名称。

四、拉伸完成长方体基体

选择 FeatureManager 设计树中的"草图 1"，单击"特征"工具栏中的"拉伸凸台/基体"按钮 ，出现"凸台-拉伸"属性管理器，单击"方向 1"中的"反向"按钮 ，"终止条件"选择"给定深度"，并设定深度为 100 mm，如图 3-22 所示，设置完毕后，单击"确定"按钮 ，生成调整座的基体，如图 3-23 所示。

图 3-22　"凸台-拉伸"属性管理器

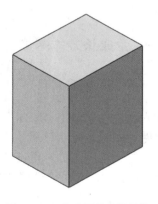

图 3-23　生成调整座的基体

步骤二：拉伸切除生成长方体

一、草图绘制

（1）确定草图绘制平面。单击 FeatureManager 设计树中的"右视基准面"图标，在弹出的关联菜单栏中选择"草图绘制"按钮 ，单击"前导视图"工具栏中的"正视于"按钮 ，将视图转正。

（2）绘制矩形。单击"草图"工具栏中的"中心矩形"按钮 ，单击原点确定矩形的中心点，拖动鼠标并单击，绘制一个矩形。

（3）标注尺寸。单击"尺寸/几何关系"工具栏中的"智能尺寸"按钮 ，单击水平线，拖动鼠标并单击确定尺寸线位置，出现"修改"对话框，将尺寸改为 120 mm，按照此方法标注 100 mm 的尺寸。此时图形以黑色显示，表示此草图完全定义，如图 3–24 所示。

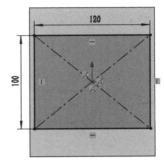

图 3–24　完全定义的矩形草图

二、退出草图绘制模式

单击图形区右上角的按钮 ，退出草图绘制环境。此时在 FeatureManager 设计树中显示已完成的"草图 2"的名称。

三、拉伸切除生成长方体

选择 FeatureManager 设计树中的"草图 2"，单击"特征"工具栏中的"拉伸切除"按钮 ，出现"切除–拉伸"属性管理器，单击"方向 1"中的"反向"按钮 ，"终止条件"选择"给定深度"，并设定深度为 20 mm，选择"反侧切除"，设置如图 3–25 所示。单击"确定"按钮 ，生成长方体，如图 3–26 所示。

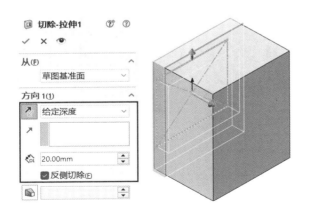

图 3–25　"切除–拉伸"属性管理器

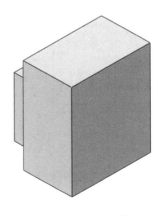

图 3–26　生成长方体

步骤三：拉伸切除生成圆柱体

一、草图绘制

（1）确定草图绘制平面。在图形区单击长方体的右端面，在弹出的关联菜单栏中单击"草图绘制"按钮 🖉，单击"前导视图"工具栏中的"正视于"按钮 🕂，将视图转正。

（2）绘制圆。单击"草图"工具栏中的"圆"按钮 ⊙，单击原点确定圆心，拖动鼠标并单击，绘制一个圆。

（3）标注尺寸。单击"尺寸/几何关系"工具栏中的"智能尺寸"按钮 ✨，单击圆，拖动鼠标并单击确定尺寸线位置，出现"修改"对话框，将尺寸改为ϕ100 mm。此时图形以黑色显示，表示此草图完全定义，如图3-27所示。

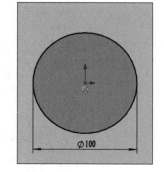

二、退出草图绘制模式

单击图形区右上角的按钮 ↳，退出草图绘制环境。此时在FeatureManager设计树中显示已完成的"草图3"的名称。

三、拉伸切除生成圆柱体

图3-27　完全定义的圆草图

选择FeatureManager设计树中的"草图3"，单击"特征"工具栏中的"拉伸切除"按钮 🗐，出现"切除-拉伸"属性管理器，"终止条件"选择"给定深度"，并设定深度为60 mm，选择"反侧切除"，设置如图3-28所示。单击"确定"按钮 ✓，生成圆柱体，如图3-29所示。

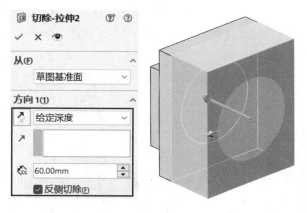

图3-28　"切除-拉伸"属性管理器

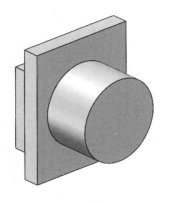

图3-29　生成圆柱体

步骤四：圆柱体上拉伸切除生成圆孔

一、绘制草图

（1）确定草图绘制平面。在图形区单击圆柱体的端面，在弹出的关联菜单栏中选择"草图绘制"按钮 🕀，单击"前导视图"工具栏中的"正视于"
按钮 🔱，将视图转正。

（2）绘制圆。单击"草图"工具栏中的"圆"按钮 ⊙，
单击原点确定圆心，拖动鼠标并单击，绘制一个圆。

（3）标注尺寸。单击"尺寸/几何关系"工具栏中的"智
能尺寸"按钮 ✐，单击圆，拖动鼠标并单击确定尺寸线位置，
出现"修改"对话框，将尺寸改为 φ70 mm。此时图形以黑色
显示，表示此草图完全定义，如图 3-30 所示。

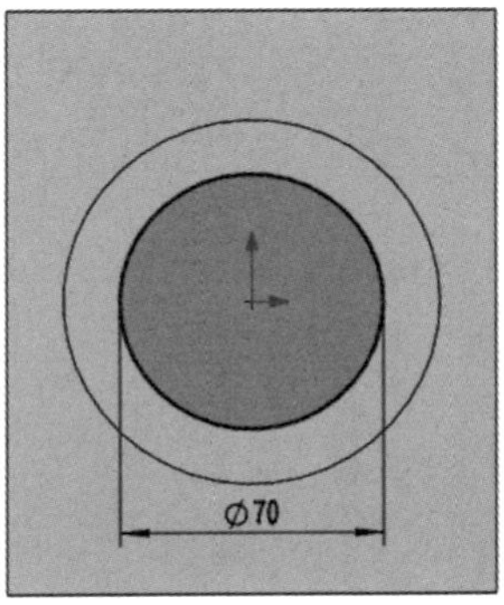

图 3-30 完全定义的草图

二、退出草图绘制模式

单击图形区右上角的按钮 ↳◦，退出草图绘制环境。此时在 FeatureManager 设计树中显
示已完成的"草图 4"的名称。

三、拉伸切除生成圆孔

选择 FeatureManager 设计树中的"草图 4"，单击"特征"工具栏中的"拉伸切除"按
钮 🗐，出现"切除－拉伸"属性管理器，"终止条件"选择"完全贯穿"，设置如图 3-31 所
示。单击"确定"按钮 ✓，生成圆孔，如图 3-32 所示。

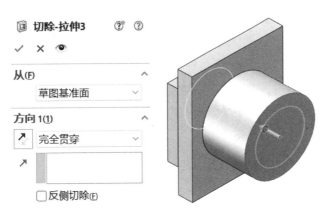

图 3-31 "切除－拉伸"属性管理器设置

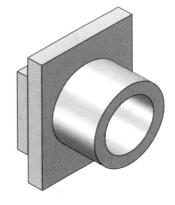

图 3-32 生成圆孔

步骤五：圆柱体上圆周阵列生成螺纹孔

一、创建螺纹孔

（1）在图形区单击圆柱体的端面，在弹出的关联菜单栏中选择"正视于"按钮 🔱，将
视图转正。单击"特征"工具栏中的"异形孔向导"按钮 🗐，出现"孔规格"属性管理器，
设置如图 3-33 所示。

（2）完成"孔规格"的参数设置后，转换至"位置"标签 🎗 位置，选择圆柱体端面，
此时鼠标指针变为 🖎，单击鼠标以确定螺纹孔位置，按键盘上的 Esc 键退出孔的放置，如

图 3-33 "孔规格"
属性管理器

图 3-34（a）所示。单击"草图"工具栏中的"圆"按钮⊙，在图形区单击原点确定圆心，拖动鼠标并单击，绘制一个圆。在"圆"属性管理器中，选择"选项"下的"作为构造线"，单击"尺寸/几何关系"工具栏中的"智能尺寸"按钮，标注圆的尺寸为⌀85 mm。单击"添加几何关系"按钮，添加螺纹孔位置点和圆为重合几何关系，和原点为竖直几何关系，如图 3-34（b）所示。单击"确定"按钮✓，完成螺纹孔特征的创建，生成的螺纹孔特征如图 3-35 所示。

（3）在 FeatureManager 设计树中显示已完成的"M6 螺纹孔1"的名称。

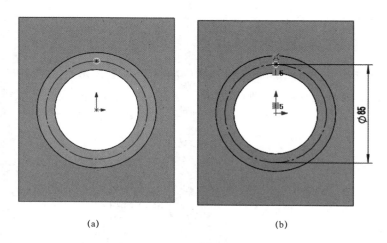

(a)   (b)

图 3-34　螺纹孔定位

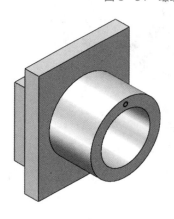

图 3-35　生成螺纹孔特征

二、圆周阵列螺纹孔

在 FeatureManager 设计树中选择"M6 螺纹孔 1"，单击"特征"工具栏中的"圆周阵列"

按钮 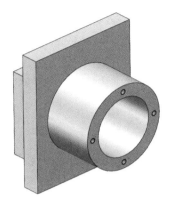，选择圆柱体的圆柱面为阵列方向，设置间距和实例数，如图3-36所示。单击"确定"按钮 ✓，完成圆周阵列的创建，如图3-37所示。

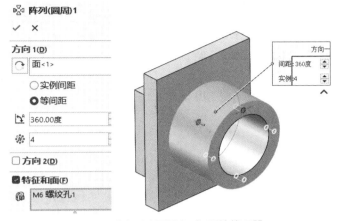

图3-36 "阵列（圆周）1"属性管理器　　　图3-37 生成圆周阵列

步骤六：长方体上线性阵列生成螺纹孔

一、创建螺纹孔

（1）在图形区单击调整座左侧端面，如图3-38所示，在弹出的关联菜单栏中选择"正视于"按钮 ⬩，将视图转正。单击"特征"工具栏中的"异形孔向导"按钮 ⬪，出现"孔规格"属性管理器。设置如图3-33所示。

（2）完成"孔规格"的参数设置后，转换至"位置"标签 ⬥ 位置，选择调整座端面，此时鼠标指针变为 ✏，单击鼠标以确定螺纹孔位置，按键盘上的Esc键退出孔的放置，如图3-39（a）所示。单击"草图"工具栏中的"中心线"按钮 ⁄，以原

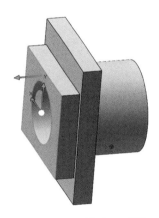

图3-38 选择加工平面

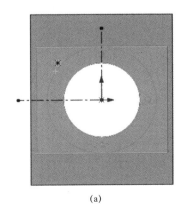

(a)

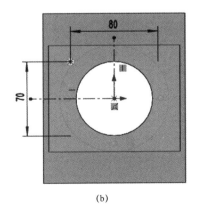

(b)

图3-39 螺纹孔定位

点为起点绘制两条垂直的中心线，单击"尺寸/几何关系"工具栏中的"智能尺寸"按钮，单击孔位置点与竖直中心线，向右拖动鼠标并单击确定尺寸线位置，将尺寸改为 80 mm，单击孔位置点与水平中心线，向下拖动鼠标并单击确定尺寸线位置，将尺寸改为 70 mm，如图 3-39（b）所示。单击"确定"按钮，完成螺纹孔特征的创建，生成的螺纹孔特征如图 3-40 所示。

（3）在 FeatureManager 设计树中显示已完成的"M6 螺纹孔 2"的名称。

图 3-40　生成螺纹孔

二、线性阵列螺纹孔

在 FeatureManager 设计树中选择"M6 螺纹孔 2"，单击"特征"工具栏中的"线性阵列"按钮，选择长方体的两条棱边为阵列方向，设置两个方向上的间距和实例数，预览时方向 2 阵列方向相反，单击"反向"按钮，设置如图 3-41 所示。单击"确定"按钮，完成线性阵列的创建，如图 3-42 所示。

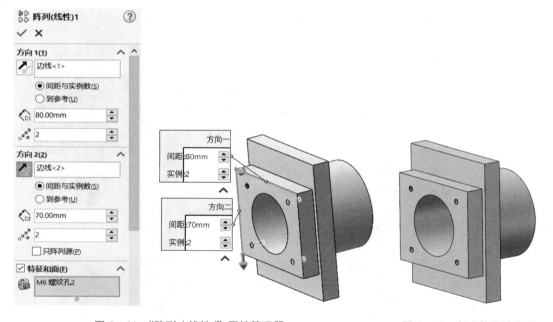

图 3-41　"阵列（线性）"属性管理器　　　　　图 3-42　创建的线性阵列

步骤七：拉伸切除生成直槽口

一、草图绘制

（1）确定草图绘制平面。在图形区单击如图 3-43 所示的平面，在弹出的关联菜单栏中单击"草图绘制"按钮，单击"前导视图"工具栏中的"正视于"按钮，将视图转正。

（2）绘制直槽口。单击"草图"工具栏中的"直槽口"按钮 ⬭，单击三次，单击确定起点，向右拖动鼠标单击确定长度，向上拖动鼠标单击确定槽口的宽度，完成直槽口绘制，如图 3-44（a）所示。

（3）标注尺寸。单击"尺寸/几何关系"工具栏中的"智能尺寸"按钮 ⬝，单击直槽口中心线，向上拖动鼠标并单击确定尺寸线位置，出现"修改"对话框，将尺寸改为 70 mm，单击右侧圆弧，向上拖动鼠标并单击确定尺寸线位置，将尺寸改为 R8 mm，单击直槽口中心线与原点，向左拖动鼠标并单击确定尺寸线位置，将尺寸改为 65 mm。

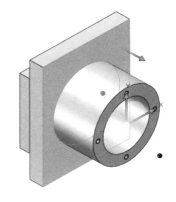

图 3-43 选择草绘平面

（4）完全定义草图。单击"添加几何关系"按钮 ⬜，添加直槽口中心线中点和原点为竖直几何关系，此时图形以黑色显示，表示此草图完全定义，如图 3-44（b）所示。

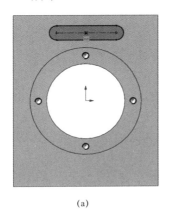

(a)

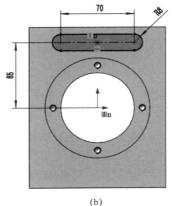

(b)

图 3-44 完全定义的直槽口草图

二、退出草图绘制模式

单击图形区右上角的按钮 ⬩，退出草图绘制环境。此时在 FeatureManager 设计树中显示已完成的"草图 9"的名称。

三、拉伸切除直槽口

选择 FeatureManager 设计树中的"草图 9"，单击"特征"工具栏中的"拉伸切除"按钮 ⬜，出现"切除-拉伸"属性管理器，"终止条件"选择"成形到下一面"。设置完毕后，单击"确定"按钮 ✓，生成直槽口，如图 3-45 所示。此时在 FeatureManager 设计树中显示已完成的"切除-拉伸 4"的名称。

四、镜向直槽口

选择 FeatureManager 设计树中的"切除-拉伸 4"，单击"特

图 3-45 生成直槽口

征"工具栏中"线性阵列"下的"镜向"按钮 ，出现"镜向"属性管理器，单击图形区 FeatureManager 设计树按钮，单击"上视基准面"，完成"镜向面/基准面"的选择，设置如图 3-46 所示。单击"确定"按钮 ✓，此时调整座的三维设计全部完成，如图 3-47 所示。

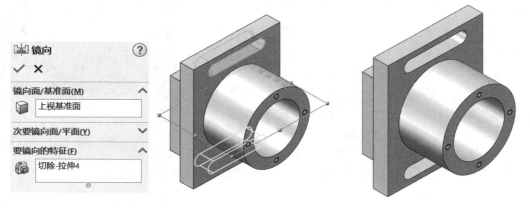

图 3-46 "镜向"属性管理器设置 图 3-47 调整座的三维设计完成

任务拓展

调整座材料为普通碳钢，分析调整座零件的质量属性。

材质是机械零件设计的重要数据，材质的选择是基于受力条件、零件结构和加工工艺条件综合之后的结果，SOLIDWORKS 在完成调整座三维设计之后，能对所设计的模型赋予指定的材质，进行简单的计算，对零件进行质量特性分析。

（1）选择手柄材料。单击菜单栏"编辑"→"外观"→"材质"，打开 SOLIDWORKS 材质编辑器，在材料选项中选择"solidworks materials"中的"普通碳钢"选项，如图 3-48

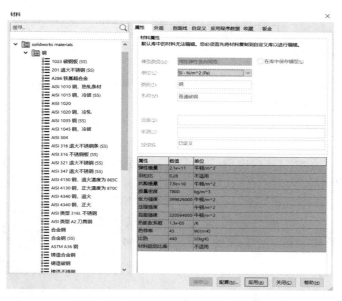

图 3-48 SOLIDWORKS 材质编辑器

所示；单击"应用"按钮 应用(A)，赋予调整座普通碳钢材质，单击"关闭"按钮 关闭(C)，返回 SOLIDWORKS 工作界面。

（2）调整座质量特性分析。单击"评估"工具栏中的"质量属性"按钮，出现"质量属性"对话框，如图 3-49 所示。从图中可以看出，调整座的质量为 5.363 kg，体积为 687 587.713 mm³，表面积为 99 004.313 mm²。

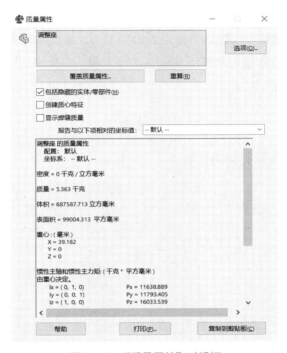

图 3-49 "质量属性"对话框

任务评价

任务评分表

评价项目	评价标准	参考分值	学生自评（15%）	学生互评（15%）	教师评价（70%）
基准面/基准轴的选择或建立	基准面/基准轴的选择或建立合理、准确	15			
草图的绘制	草图原点选择合理，无多余线条，无多余尺寸；尺寸标注规范，符合图纸要求；草图完全定义	40			
特征的创建	无冗余特征；特征参数设置合理、准确	20			
质量属性的评估	完成零件质量属性的评估	10			
素质	严谨细致、团结协作，达到或超越任务素质目标	15			
总评					

本任务主要介绍了草图的相关操作、草图约束和编辑，以及拉伸、异形孔向导等基本特征的操作方法。草图绘制是 SOLIDWORKS 的基本知识，绘制草图时，需要认真检查，只有正确绘制草图，才能进行后续的特征编辑，并在实际中加以灵活运用，为后期的学习打下基础，提高绘图效率。当零件设计完成后，要合理选择零件的材质，通过对比"质量属性"命令中的"体积"和"表面积"来确定零件是否绘制准确。通过本任务的学习，使学生将机械设计、机械工程材料的相关知识进行结合，培养学生的品质意识，以及乐于思考、团结协作的精神。

练 习 题

1. 完成如图 3-50 所示刀架的三维设计，位置和尺寸见表 3-1。

表 3-1　位置和尺寸

位置	A	B	C
尺寸	138	49	90

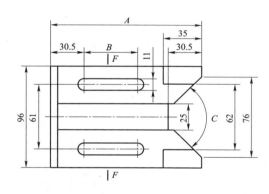
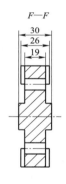

图 3-50　刀架

2. 完成如图 3−51 所示泵体的三维设计，求模型的体积。

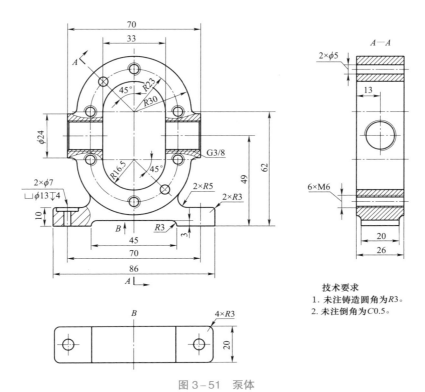

技术要求
1. 未注铸造圆角为 R3。
2. 未注倒角为 C0.5。

图 3−51　泵体

任务四　带轮设计

任务描述

技能目标：

能够使用草图绘制工具进行草图绘制。

能够对圆角、倒角及旋转特征进行参数化设计。

知识目标：

掌握草图绘制。

掌握圆角特征。

掌握倒角特征。

掌握旋转凸台、旋转切除特征。

素质目标：

通过学习机械传动装置的构造，培养学生空间想象的能力和抽象思维设计的能力。

任务引入

带轮如图 4-1 所示。本任务要求完成该零件的三维设计。

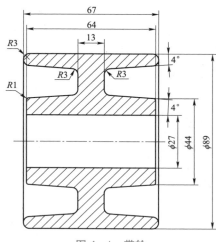

图 4-1　带轮

带轮设计操作
视频

任务分解如图4-2所示。

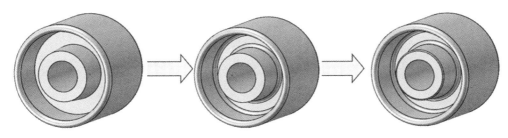

图4-2　任务分解

相关知识

一、草图绘制实体-圆弧

SOLIDWORKS 提供了三种绘制圆弧的方法：圆心/起点/终点画弧、切线弧和三点圆弧。

1. 圆心/起点/终点画弧

其命令执行方式有两种：

单击"草图"工具栏中的"圆心/起点/终点画弧"按钮⌒。

单击菜单栏"工具"→"草图绘制实体"→"圆心/起点/终点画弧"。

单击"圆心/起点/终点画弧"按钮⌒，在图形区，鼠标指针变为，单击确定圆弧圆心，拖动鼠标指针并单击设定圆弧半径及圆弧起点，在圆弧上单击来确定其终点。

2. 切线弧

其命令执行方式有两种：

单击"草图"工具栏中的"切线弧"按钮⌒。

单击菜单栏中的"工具"→"草图绘制实体"→"切线弧"。

单击"切线弧"按钮⌒，在图形区，鼠标指针变为，单击已有实体的一个端点，拖动鼠标指针，可以发现系统生成一个动态相切圆弧，拖动至合适位置并单击，系统自动生成一段与实体相切的圆弧。

3. 三点圆弧

其命令执行方式有两种：

单击"草图"工具栏中的"三点圆弧"按钮⌒。

单击菜单栏中的"工具"→"草图绘制实体"→"三点圆弧"。

单击"三点圆弧"按钮⌒，在图形区鼠标指针变为，选取两点作为圆弧的两个端点，拖动鼠标指针，可以发现系统生成一个动态圆弧，拖动至合适位置，单击动态圆弧上的任意一点，系统自动生成一个圆弧，第三点决定圆弧的半径。

二、基准面

草图基准面有两种：一种是系统默认的三个基准面（前视基准面、上视基准面以及右视基准面）；另一种则是通过"基准面"属性管理器创建的基准面。

1. 系统默认基准面

默认的三个基准面预览，如图4-3所示。

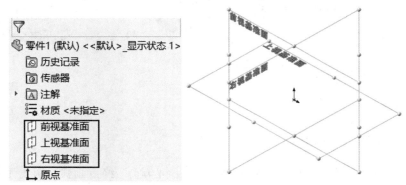

图4-3　默认的三个基准面预览

2. 创建基准面

其命令执行方式有两种：

单击"特征"工具栏中"参考几何体"按钮下的"基准面" ▣。

单击菜单栏中的"插入"→"参考几何体"→"基准面"。

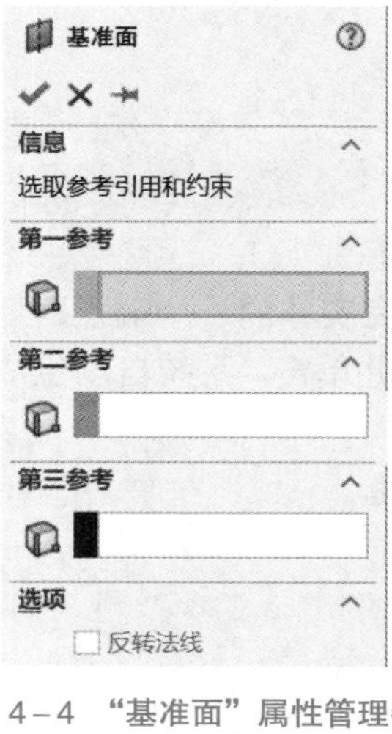

单击"特征"工具栏中"参考几何体"按钮下的"基准面" ▣，出现"基准面"属性管理器，如图4-4所示。

1）基准面创建方式

直线/点方式：利用一条直线和直线外一点创建基准面，此基准面包含指定直线和点。

点和平行面方式：利用点和面创建基准面，此基准面通过参照点并与参照面平行。

夹角方式：利用线和面创建基准面，此基准面通过所选的线（一条直线、轴线或者草图线）并与参照面成一定角度。

等距距离方式：利用一个平面创建基准面，此基准面平行并等距于参照平面。

垂直于曲线方式：利用点和曲线创建基准面，此基准面通过参照点并与选定的曲线垂直。

图4-4　"基准面"属性管理器

曲面切平面方式：利用一个曲面创建基准面，此基准面与所选曲面相切。

2）创建垂直于曲线的基准面

打开实例源文件"基准面实例"，单击"特征"工具栏中"参考几何体"按钮下的"基准面"█，出现"基准面"属性管理器。在"第一参考"中选择一个点（左侧上曲线中点），在"第二参考"中选择一条曲线（左侧上曲线），设置如图 4-5 所示，单击"确定"按钮 ✓，完成基准面的创建，如图 4-6 所示。

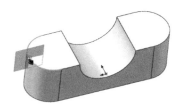

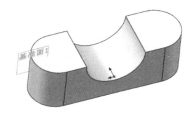

图 4-5 "基准面"属性管理器　　　　　　图 4-6　生成的基准面

三、圆角特征

SOLIDWORKS 可以在一个面的所有边线上、所选的多组面上、所选的边线或者边线环上创建圆角。

其命令执行方式有两种：

单击"特征"工具栏中的"圆角"按钮█。

单击菜单栏中"插入"→"特征"→"圆角"。

打开实例源文件"圆角特征实例"，单击"特征"工具栏中的"圆角"按钮█，出现"圆角"属性管理器，如图 4-7 所示。

1. █固定大小圆角

█：在图形区选择要进行圆角化的对象。

显示选择工具栏：显示或隐藏选择加速器工具栏。

切线延伸：将圆角延伸到所有与所选面相切的面。

完整预览：显示所有边线的圆角预览。

部分预览：只显示一条边线的圆角预览。可按 A 键来依次观看每个圆角预览。

无预览：不显示预览，可提高复杂模型的重建时间。

图 4-7　"圆角"属性管理器

对称（非对称）：要圆角化对象的两侧半径尺寸设置。若为"对称"，则只需设置一个⤢（半径），表示到两侧半径相等；若为"非对称"，则需设置⤵（半径 1）、⤴（半径 2），表示分别到两侧的半径。

⤢（半径）：设置圆角半径。

在所选边线以相同的圆角半径生成圆角，这是最常用的圆角生成方法。设置如图 4-8（a）所示。完成固定大小圆角的创建，如图 4-8（b）所示。

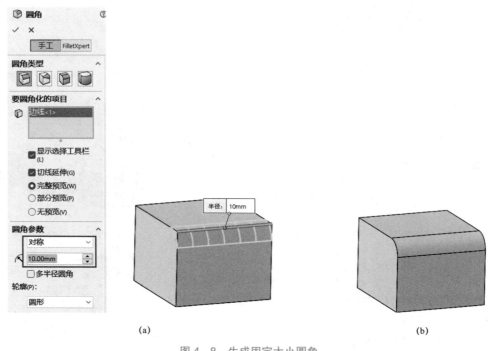

(a)   (b)

图 4-8　生成固定大小圆角

2. 变量大小圆角

⤵（附加的半径）：设置指定半径大小。

⁂（实例数）：等距点（变半径的控制点）。

在所选边线上可设置多个圆角半径生成圆角，设置如图 4-9（a）所示。完成变量大小圆角的创建，如图 4-9（b）所示。

3. 面圆角

在所选相邻两个面上生成圆角，设置如图 4-10（a）所示。完成面圆角的创建，如图 4-10（b）所示。

提示：

两面可以相交，也可以不相交，可以通过面圆角将不相邻的面混合起来。

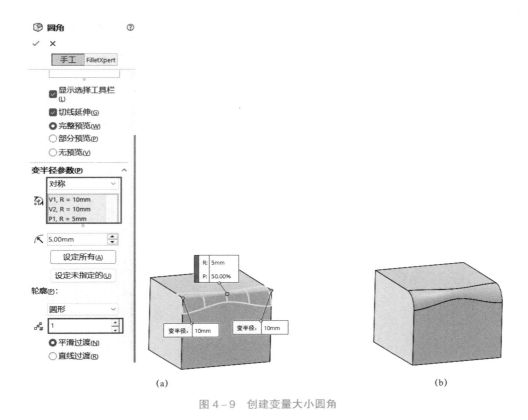

图 4-9　创建变量大小圆角

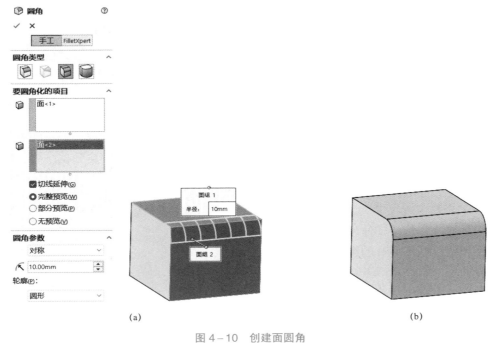

图 4-10　创建面圆角

4. 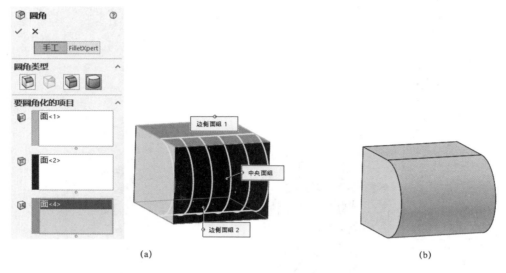完整圆角

生成相切于三个相邻面组（一个或多个面相切）的圆角，设置如图 4-11（a）所示。完成完整圆角的创建，如图 4-11（b）所示。

(a)   (b)

图 4-11　创建完整圆角

四、倒角特征

倒角特征是指两个相交面在相交边建立的斜面特征。

其命令执行方式有两种：

单击"特征"工具栏中的"圆角"按钮下"倒角" 🗋。

单击菜单栏中的"插入"→"特征"→"倒角"。

打开实例源文件"倒角特征实例"，单击"特征"工具栏中"圆角"按钮下的"倒角" 🗋，出现"倒角"属性管理器，如图 4-12 所示。

图 4-12　"倒角"属性管理器

1. 角度-距离

🗋：在图形区选择要进行倒角化的对象，可以是边线、面或环。

切线延伸：将倒角延伸到所有与所选面相切的面。

完整预览：显示所有的倒角预览。

部分预览：只显示一条边线的倒角预览。

无预览：不显示预览，可提高复杂模型的重建时间。

🗋（距离）：倒角的宽度。

🗋（角度）：倒角与相交面之间的角度。

角度是倒角与相交面之间的角度，距离则是倒角的宽度。设置如图 4-13（a）所示。完成角度-距离倒角的创建，如图 4-13（b）所示。

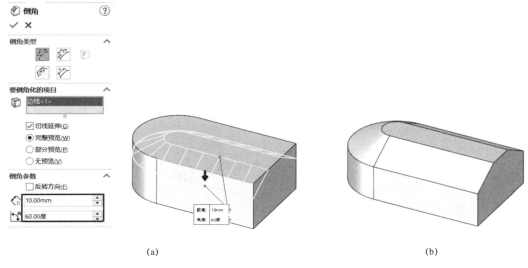

(a)　　　　　　　　　　　　　　　　　(b)

图 4-13　创建角度 – 距离倒角

2. 距离 – 距离

从相交面向两个不同方向设定距离，来生成倒角。

对称（非对称）：若为"对称"，则只需设置一个 （距离），表示到两条边的倒角距离相等，均为 （距离），如图 4-14（a）所示；若为"非对称"，则需设置 （距离 1）、 （距离 2），表示分别到第一条边和第二条边的倒角距离，如图 4-14（b）所示。

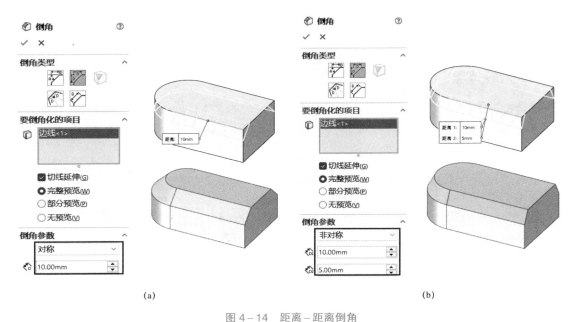

(a)　　　　　　　　　　　　　　　　　(b)

图 4-14　距离 – 距离倒角

（a）两边倒角距离相等生成的倒角；（b）两边倒角距离不相等生成的倒角

3. 顶点

从三个相交面相交的顶点向每一侧设定距离，来生成倒角。

⬠：只能为点。

相等距离（非相等距离）：若为"相等距离"，则只需设置一个 （距离），表示顶点到周边 3 条边的倒角距离相等，如图 4-15（a）所示，均为 （距离）；若为"非相等距离"，则需设置 （距离 1）、（距离 2）、（距离 3），表示顶点到 3 条边的距离，如图 4-15（b）所示。

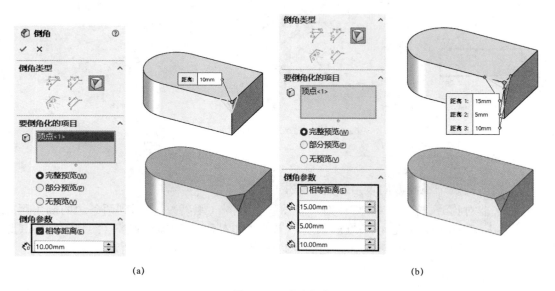

(a) (b)

图 4-15 顶点倒角

（a）顶点到 3 条边的倒角距离相等生成的倒角；（b）顶点到 3 条边的倒角距离不相等生成的倒角

五、旋转特征

旋转特征是将截面草图围绕着一条轴线旋转而生成的实体特征，适用于构建回转体零件。

1. 旋转属性

其命令执行方式有两种：

单击"特征"工具栏中的"旋转凸台/基体"按钮 。

单击菜单栏"插入"→"凸台/基体"→"旋转"。

打开实例源文件"旋转特征实例"，选择 FeatureManager 设计树中的"草图 1"，单击"特征"工具栏中的"旋转凸台/基体"按钮 ，出现"旋转"属性管理器，如图 4-16 所示。

1）"旋转轴"面板

（旋转轴）：选择所绘草图中的一条中心线、直线或边线作为生成旋转特征的回转轴线。

图 4-16 "旋转"属性管理器

2）"方向1"面板

设置五种旋转方式：

给定深度：草图向一个方向旋转到指定角度，如图4-17（a）所示。

成形到顶点：草图旋转到指定顶点所在的面，如图4-17（b）所示。

成形到面：草图旋转到指定的面，如图4-17（c）所示。

到离指定面指定的距离：先选一个面，并输入指定距离，特征旋转到离指定面指定距离终止，如图4-17（d）所示。

两侧对称：草图以所在平面为轴，分别向两个方向旋转相同的角度，如图4-17（e）所示。

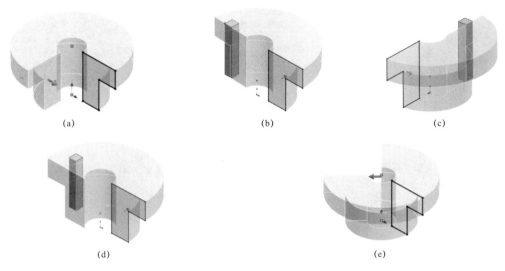

(a) (b) (c)

(d) (e)

图4-17 旋转方式

（反向按钮）：与预览中所示方向相反的旋转特征。

（旋转角度）：设定旋转的角度。

3）"方向2"面板

在完成了方向1设置后，选择方向2，从草图基准面的另一方向定义旋转特征，如图4-18所示。

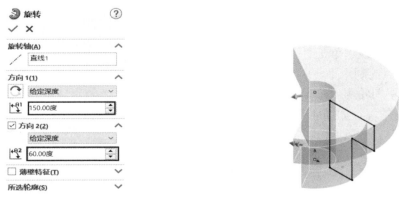

图4-18 两个方向定义旋转特征

2. 创建旋转特征

绘制"草图 1",如图 4-19 所示,选择 FeatureManager 设计树中的"草图 1",单击"特征"工具栏中的"旋转凸台/基体"按钮 ,出现"旋转"属性管理器。激活"旋转轴"列表框,选择中心线为旋转轴,"旋转方式"选择"给定深度",并设定旋转角度为 360 度,设置如图 4-20 所示。单击"确定"按钮 ✓,完成旋转特征创建,如图 4-21 所示。

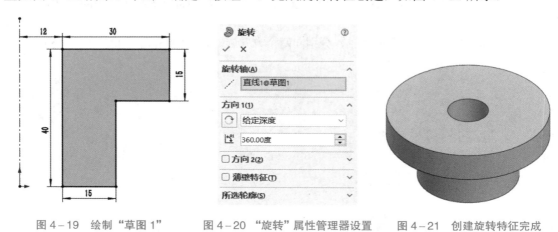

图 4-19 绘制"草图 1"　　　　图 4-20 "旋转"属性管理器设置　　　　图 4-21 创建旋转特征完成

任务实施

步骤一:草图绘制

一、进入草图绘制环境

(1)建立新文件。单击"新建"按钮 ⬜,在弹出的"新建 SOLIDWORKS 文件"对话框中单击"零件"图标,单击"确定"按钮 ⬛ 确定,进入零件设计工作环境。

(2)确定草图绘制平面。单击 FeatureManager 设计树中的"前视基准面"图标,在弹出的关联菜单栏中选择"草图绘制"按钮 ⬛,视图自动转正,进入草图绘制环境。

二、绘制草图

(1)绘制中心线。单击"草图"工具栏中的"中心线"按钮 ✏,过原点绘制水平、竖直中心线。

(2)绘制草图轮廓。单击"草图"工具栏中的"直线"按钮 ✏,绘制轮廓,如图 4-22 所示。

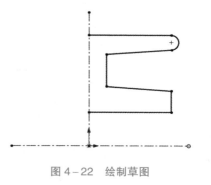

提示:

直线与圆弧切换:

1. 草图绘制中由直线过渡到圆弧:

(1)绘制一条直线后,从直线终点将鼠标指针移开,

图 4-22 绘制草图

此时预览显示一条直线。

（2）将鼠标指针移回到直线终点，再次移开预览显示一个圆弧。

2. 利用快捷键切换：

直线与圆弧之间的切换，通过按 A 键实现。

（3）标注尺寸。

① 标注 27 mm、44 mm、89 mm、13 mm、64 mm、67 mm 的尺寸。单击"尺寸/几何关系"工具栏中的"智能尺寸"按钮，完成 27 mm、44 mm、89 mm、13 mm、64 mm 的尺寸标注。选取圆弧和中心线，完成 67 mm 的尺寸标注。

② 标注 R3 mm 的尺寸。单击"草图"工具栏中的"智能尺寸"按钮，完成 R3 mm 尺寸标注。

③ 标注 4°的尺寸。单击成角度的两条直线，自动生成一个角度尺寸，同时出现"修改"对话框，将尺寸改为 4°，完成 4°的尺寸标注。

（4）完全定义草图。单击"尺寸/几何关系"工具栏中的"添加几何关系"按钮，出现"添加几何关系"属性管理器，添加圆弧与两直线段相切的几何关系，使草图完全定义，如图 4-23 所示。

（5）镜向。

对草图轮廓进行镜向。单击"草图"工具栏中的"镜向实体"按钮，出现"镜向"属性管理器。激活"要镜向的实体"列表框，选择要镜向的所有要素。激活"镜向轴"列表框，选择竖直中心线，单击"确定"按钮，完成草图镜向，如图 4-24 所示。

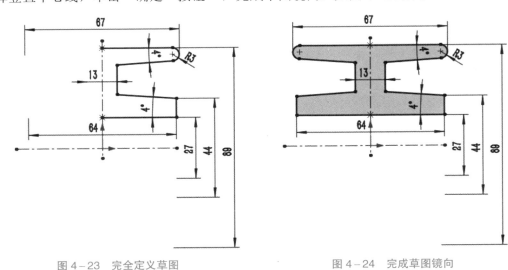

图 4-23 完全定义草图   图 4-24 完成草图镜向

三、退出草图绘制模式

单击图形区右上角的按钮，退出草图绘制环境。此时在 FeatureManager 设计树中显示已完成的"草图 1"的名称。

步骤二：旋转生成带轮基本体

选择 FeatureManager 设计树中的"草图 1"，单击"特征"工具栏中的"旋转凸台/基体"按钮 ，出现"旋转"属性管理器，选择水平中心线为旋转轴，并设定旋转角度为 360 度，设置如图 4-25 所示。单击"确定"按钮 ✓，生成基本体，如图 4-26 所示。

图 4-25　"旋转"属性管理器

图 4-26　生成基本体

步骤三：创建 $R3\,\text{mm}$、$R1\,\text{mm}$ 圆角特征

单击"特征"工具栏中的"圆角"按钮 ，出现"圆角"属性管理器。激活"要圆角化的项目"列表框，单击要圆角化的边线<1>、边线<2>、边线<3>和边线<4>（边线<3>和边线<4>的位置与边线<1>、边线<2>前后对称），圆角尺寸为 $R3\,\text{mm}$，设置如图 4-27 所示。单击"确定"按钮 ✓，生成圆角特征，如图 4-28 所示。

图 4-27　"圆角"属性管理器

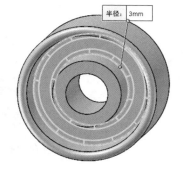

图 4-28　生成 $R3\,\text{mm}$ 圆角

使用同样的方法完成 R1 mm 圆角（R1 mm 圆角也为前后对称）特征的创建，生成圆角特征，如图 4-29 所示。

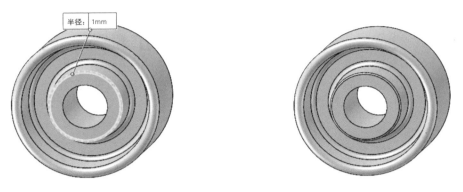

图 4-29 生成 R1 mm 圆角

任务拓展 NEWST

蜗轮如图 4-30 所示，任务分解如图 4-31 所示。本任务要求完成该零件的三维设计。

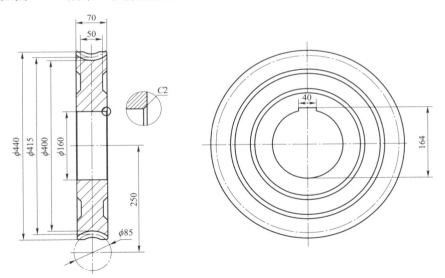

图 4-30 蜗轮

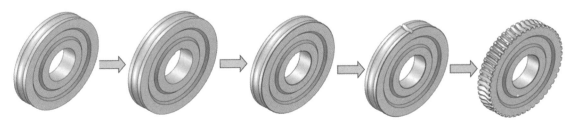

图 4-31 任务分解

步骤一：生成基本体

一、进入草图绘制环境

（1）建立新文件。单击"新建"按钮 📄，在弹出的"新建 SOLIDWORKS 文件"对话框中单击"零件"图标，单击"确定"按钮 ◻确定 ，进入零件设计工作环境。

（2）确定草图绘制平面。单击 FeatureManager 设计树中的"前视基准面"图标，在弹出的关联菜单栏中选择"草图绘制"按钮 ⬚，视图自动转正，进入草图绘制环境。

二、草图绘制

（1）绘制中心线。单击"草图"工具栏中的"中心线"按钮 ✐，过原点绘制水平、竖直中心线，标注 100 mm、250 mm 的尺寸，如图 4-32 所示。

（2）绘制草图轮廓。单击"草图"工具栏中的"直线"按钮 ✐，绘制轮廓，如图 4-33 所示。

图 4-32　绘制中心线

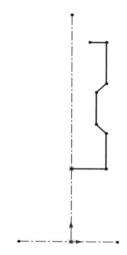

图 4-33　绘制草图轮廓

（3）尺寸标注。

① 标注 80 mm、120 mm、175 mm、220 mm、10 mm 的尺寸。单击"尺寸/几何关系"工具栏中的"智能尺寸"按钮 ✐，完成 80 mm、120 mm、175 mm、220 mm、10 mm 的尺寸标注。

② 添加几何关系。单击"尺寸/几何关系"工具栏中的"添加几何关系"按钮 ⊥，出现"添加几何关系"属性管理器，添加最外侧上下两条竖直线段共线几何关系。

③ 标注 50 mm、70 mm 的尺寸。单击"尺寸/几何关系"工具栏中的"智能尺寸"按钮 ✐，完成 50 mm、70 mm 的尺寸标注，如图 4-34 所示。

（4）镜向。单击"草图"工具栏中的"镜向实体"按钮 ⬚⬚，出现"镜向"属性管理器。激活"要镜向的实体"列表框，选择要镜向的所有要素，激活"镜向轴"列表框，选择竖直中心线，单击"确定"按钮 ✓，完成草图镜向，如图 4-35 所示。

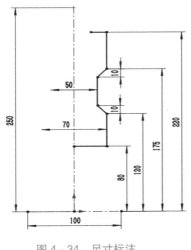

图 4-34 尺寸标注

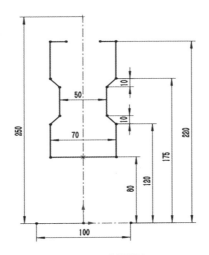

图 4-35 草图镜向

（5）绘制 *R*35 mm 的圆弧。单击"草图"工具栏中的"圆心/起点/终点画弧"按钮 ，单击竖直中心线的上端点，以该点为圆心，两水平端点为起点和终点，完成图形绘制。

（6）标注 *R*35 mm 的尺寸。单击"草图"工具栏中的"智能尺寸"按钮 ，完成 *R*35 mm 尺寸标注，如图 4-36 所示。

三、退出草图绘制模式。

单击图形区右上角的按钮 ，退出草图绘制环境。此时在 FeatureManager 设计树中显示已完成的"草图 1"的名称。

四、旋转生成蜗轮基本体。

选择 FeatureManager 设计树中的"草图 1"，单击"特征"工具栏中的"旋转凸台/基体"按钮 ，出现"旋转"属性管理器，选择水平中心线为旋转轴，旋转角度为 360 度，设置如图 4-37 所示，单击"确定"按钮 ，生成基本体，如图 4-38 所示。

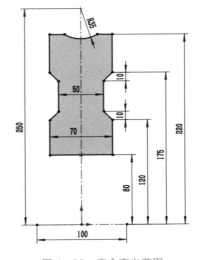

图 4-36 完全定义草图

图 4-37 "旋转"属性管理器

图 4-38 生成基本体

步骤二：拉伸切除生成键槽

一、草图绘制

（1）确定草图绘制平面。单击 FeatureManager 设计树中的"右视基准面"图标，在弹出的关联菜单栏中选择"草图绘制"按钮，单击"前导视图"工具栏中的"正视于"按钮，将视图转正。

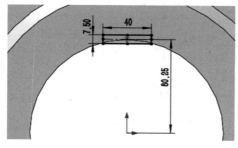

图 4－39　绘制矩形

（2）绘制矩形。单击"草图"工具栏中的"中心矩形"按钮，绘制长为 40 mm、宽为 7.5 mm 的矩形，矩形的中心与原点为竖直几何关系，使其完全定义，如图 4－39 所示。

二、退出草图绘制

单击图形区右上角的按钮，退出草图绘制环境。此时在 FeatureManager 设计树中显示已完成的"草图 2"的名称。

步骤三：生成键槽

选择 FeatureManager 设计树中的"草图 2"，单击"特征"工具栏中的"拉伸切除"按钮，出现"切除－拉伸"属性管理器，"终止条件"选择"完全贯穿－两者"，设置如图 4－40 所示，单击"确定"按钮，生成键槽，如图 4－41 所示。

图 4－40　"切除－拉伸"属性管理器设置

图 4－41　生成键槽

步骤四：创建倒角特征

单击"特征"工具栏中的"倒角"按钮，出现"倒角"属性管理器，激活"要倒角化的项目"列表框，选择蜗轮要倒角的边线<1>、边线<2>、边线<3>和边线<4>，设置如图 4－42

示。单击"确定"按钮 ✓，生成倒角特征，如图 4-43 所示。

图 4-42 "倒角"属性管理器

图 4-43 生成倒角特征

步骤五：旋转切除生成蜗轮齿

一、绘制草图

（1）确定草图绘制平面。

① 单击"参考几何体"工具栏中的"基准面"按钮 ▥，出现"基准面"属性管理器，激活"第一参考"列表框，选择"草图 1"中的竖直中心线，设置如图 4-44 所示。激活"第

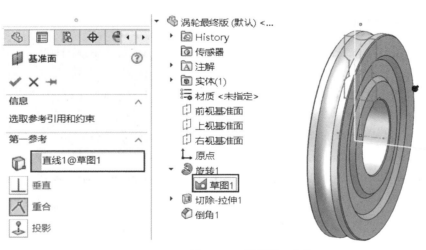

图 4-44 设置第一参考

二参考"列表框，选择"右视基准面"，夹角设置为 6.34 度，如图 4-45 所示。最终确定"基准面 2"，如图 4-46 所示。

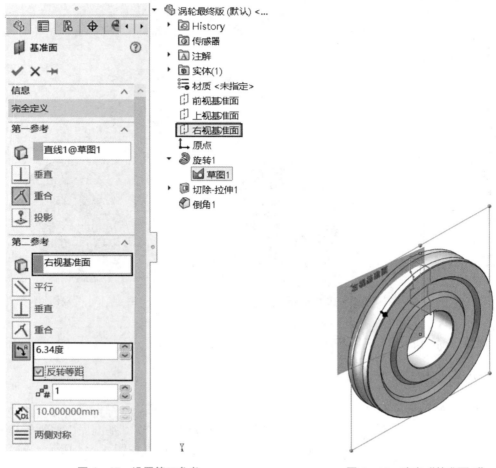

图 4-45　设置第二参考　　　　　　　　　图 4-46　确定"基准面 2"

　　② 单击 FeatureManager 设计树中的"基准面 2"图标，在弹出的关联菜单栏中选择"草图绘制"按钮 ，单击"前导视图"工具栏中的"正视于"按钮 ，将视图转正。

（2）绘制中心线。单击"草图"工具栏中的"中心线"按钮 ，绘制竖直中心线。

（3）绘制等腰梯形。单击"草图"工具栏中的"直线"按钮 ，绘制等腰梯形，如图 4-47 所示。

（4）添加几何关系。单击"尺寸/几何关系"工具栏中的"添加几何关系"按钮 ，出现"添加几何关系"属性管理器，为竖直中心线中点和"草图 1"的中心线顶点添加重合几何关系，设置如图 4-48 所示。分别添加等腰梯形上底中点和下底中点与"草图 1"的中心线重合的几何关系。

提示：
添加竖直中心线与"草图 1"中心线顶点重合几何关系。

单击"添加几何关系"按钮，弹出"添加几何关系"对话框，必须先选择"穿透点"，再选择"重合"。

（5）标注等腰梯形尺寸。单击"草图"工具栏中的"智能尺寸"按钮，完成尺寸标注，如图4-49所示。

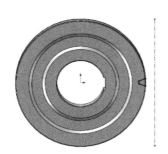

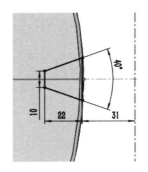

图4-47　绘制等腰梯形　　　　图4-48　"添加几何关系"属性管理器　　　图4-49　完成等腰梯形
尺寸标注

二、退出草图绘制

单击图形区右上角的按钮，退出草图绘制环境。此时在 FeatureManager 设计树中显示已完成的"草图3"的名称。

三、旋转切除生成蜗轮齿

选择 FeatureManager 设计树中的"草图3"，单击"特征"工具栏中的"旋转切除"按钮，出现"切除-旋转"属性管理器，选择"草图3"中心线为旋转轴，并设定旋转角度为360度，设置如图4-50所示。单击"确定"按钮，生成基本体，如图4-51所示。

图4-50　"切除-旋转"属性管理器　　　　　图4-51　生成蜗轮齿基本体

步骤六：圆周阵列蜗轮轮齿

单击"特征"工具栏中"线性阵列"按钮下的"圆周阵列" ，出现"阵列（圆周）"属性管理器，选择"切除–旋转1"为圆周阵列的特征，设置如图4–52所示。单击"确定"按钮 ✓，生成圆周阵列，如图4–53所示。

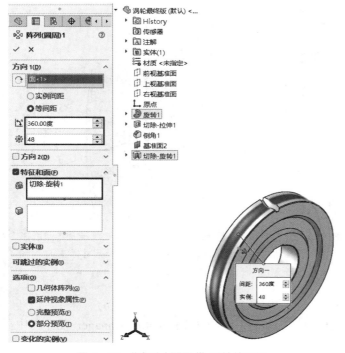

图4–52 "阵列（圆周）"属性管理器　　　　图4–53 生成圆周阵列

任务评价

任务评分表

评价项目	评价标准	参考分值	学生自评（15%）	学生互评（15%）	教师评价（70%）
基准面/基准轴的选择或建立	基准面/基准轴的选择或建立合理、准确	15			
草图的绘制	草图原点选择合理，无多余线条，无多余尺寸；尺寸标注规范，符合图纸要求；草图完全定义	40			
特征的创建	无冗余特征；特征参数设置合理、准确	20			
操作熟练度	步骤操作熟练、高效	10			
素质	深刻的洞察力和预见性，随机应变，达到或超越任务素质目标	15			
总评					

本任务介绍了圆弧草绘命令的相关操作及编辑草图方法，也介绍了圆角、倒角、旋转特征工具的使用方法和技巧。草图绘制和特征建模是 SOLIDWORKS 重要的知识，掌握这些基本操作方法，并在实际中加以灵活运用，以便达到设计目的。通过本任务的学习，应该重点掌握草图编辑、特征创建的方法，为进一步加深对 SOLIDWORKS 的认识打好基础。

练习题

1. 参照图 4-54 所示绘制草图，并标注尺寸。

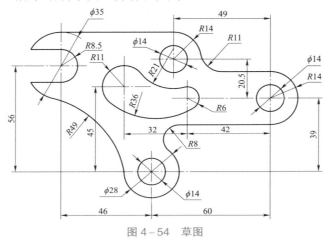

图 4-54 草图

2. 完成如图 4-55 所示轴的三维设计。

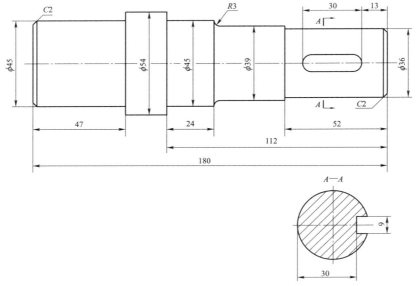

图 4-55 轴

3. 完成如图 4-56 所示叶轮的三维设计。

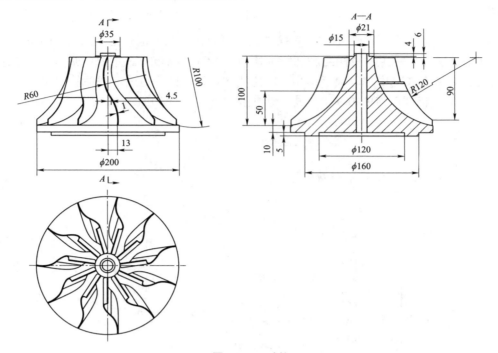

图 4-56 叶轮

任务五　内六角圆柱头螺钉设计

任务描述

技能目标：

能够使用扫描特征进行设计。

具备标准件选型的能力。

知识目标：

掌握使用 3D 螺旋线创建扫描路径的方法。

掌握扫描特征的创建方法。

素质目标：

通过本任务的学习，使学生养成良好的观察力，通过标准件的选型及设计，将理论与生产装配相结合，达到学以致用，提升自身技能。

闪光的螺丝钉

任务引入

内六角圆柱头螺钉规格及参数如图 5-1 所示，本任务要求完成 M3×8（公称直径为 3 mm，螺距为 0.5 mm 的粗牙右旋普通螺纹，公称长度为 8 mm）的内六角圆柱头螺钉的三维设计。螺钉相关的确定尺寸参照表 5-1。

内六角圆柱头螺钉
设计操作视频

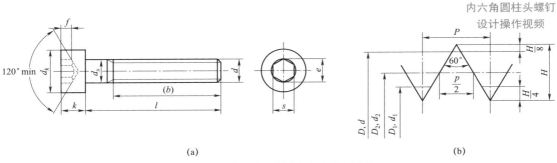

(a)　　　　　　　　　　　　　　(b)

图 5-1　内六角圆柱头螺钉规格及参数

（a）内六角圆柱头螺钉规格；（b）螺纹参数

图中：$H=\sqrt{3}P/2 =0.866\ 025\ 404P$；$5H/8=0.541\ 265\ 877P$；$3H/8=0.324\ 759\ 526P$；

$H/4=0.126\ 506\ 351P$；$H/8=0.108\ 253\ 125P$。

表 5−1　内六角圆柱头螺钉相关尺寸

螺纹规格 d		M3	M4	M5	M6	M8	M10	M12	M（14）	M16	M20
螺距 P		0.5	0.7	0.8	1	1.25	1.5	1.75	2	2	2.5
$b_{参考}$		18	20	22	24	28	32	36	40	44	52
d_{kmax}	光滑头部	5.5	7	8.5	10	13	16	18	21	24	30
	滚花头部	5.68	7.22	8.72	10.22	13.27	16.27	18.27	21.33	24.33	30.33
k_{max}		3	4	5	6	8	10	12	14	16	20
t_{min}		1.3	2	2.5	3	4	5	6	7	8	10
$S_{公称}$		2.5	3	4	5	6	8	10	12	14	17
e_{min}		2.87	3.44	4.58	5.72	6.86	9.15	11.43	13.72	16	19.44
d_{smax}		3	4	5	6	8	10	12	14	16	20
$l_{范围}$		5～30	6～40	8～50	10～60	12～80	16～100	20～120	25～140	25～160	30～200
全螺纹时最大长度		20	25	25	30	35	40	45	55	55	65
$l_{系列}$		2.5、3、4、5、6、8、10、12、（14）、（16）、20～50（5 进位）、（55）、60、（65）、70～160（10 进位）、180、200、220、240、260、280、300									

注：1. 括号内的规格尽可能不用。末端按 GB/T 2—2000 规定。

　　2. 机械性能等级：8.8、12.9。

　　3. 螺纹公差：机械性能等级为 8.8 级时，为 6g；为 12.9 级时，为 5g、6g。

　　4. 产品等级：A。

 任务分解

任务分解如图 5−2 所示。

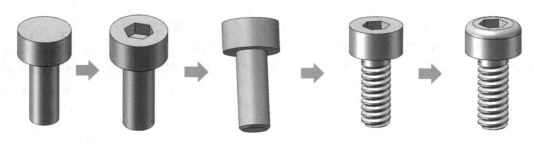

图 5−2　任务分解

相关知识

一、扫描特征

扫描特征是建模中常用的一类特征，该特征是一个轮廓（截面）沿着一条路径移动，生成基体、凸台、曲面或切除实体。包括扫描凸台/基体特征和扫描切除特征。

扫描特征中，轮廓（剖截面）必须是封闭环（若是曲面扫描，则轮廓可以是开环的，也

可以是闭环的），路径可以是一张草图、一条曲线或模型边线，但路径的起点必须在轮廓（剖截面）的基准面上。不论是轮廓、路径还是所形成的实体，都不能出现互相交叉的情况。

1. 简单扫描特征

简单扫描特征的两个要素是路径和轮廓（截面），简单扫描特征形成的实体截面是相同的。

其命令执行方式有两种：

单击"特征"工具栏中的"扫描"按钮 。

单击菜单栏"插入"→"凸台/基体"→"扫描"。

执行命令后，出现"扫描"属性管理器，如图5-3所示。

"轮廓和路径"面板：

轮廓：设定用来生成扫描的草图。

路径：设定截面扫描的路径。

"引导线"面板：

（引导线）：在截面沿路径扫描时加以引导。

（上移）或 （下移）：调整引导线的顺序。

"起始处和结束处相切"面板：

起始处相切类型：

无：不应用相切。

路径相切：垂直于开始点沿路径生成扫描。

结束处相切类型：

无：不应用相切。

薄壁特征：通过薄壁设定扫描厚度。

图5-3 "扫描"属性管理器

曲率显示：曲率和弯曲对于曲面的反光效果和设计方案的整体美感都有很大的影响。

在"前视基准面"上绘制一条路径，如图5-4（a）所示，单击"确定"按钮后，在FeatureManager设计树中显示已完成的"草图1"名称。在"上视基准面"上绘制一个正六边形，标注尺寸，将正六边形上边线设置为水平几何关系，如图5-4（b）所示。单击"确定"按钮后，在FeatureManager设计树中显示已完成的"草图2"名称。单击"特征"工具栏中的"扫描"按钮 ，出现"扫描"属性管理器，设置如图5-4（c）所示。单击"确定"按钮 ，完成简单扫描特征，如图5-5所示。

2. 使用引导线的扫描特征

当特征轮廓（截面）在扫描过程中变化时，必须使用带引导线的方式创建扫描特征，但引导线和路径必须不在同一草图内。添加了引导线后，在扫描的过程中，引导线可以控制特征截面随路径的变化。其命令执行方式与简单扫描特征相同。

在"前视基准面"上绘制一条长120 mm的直线段作为路径，如图5-6（a）所示。在"前视基准面"上绘制引导线，如图5-6（b）所示。在"上视基准面"上以原点为中心绘制中心矩形，添加矩形右侧边线与"草图2"引导线的端点为重合几何关系，添加矩形上侧边线与右侧边线为相等几何关系，如图5-6（c）所示。完成后的3个草图如图5-6（d）所示。单击"特征"工具栏中的"扫描"按钮 ，出现"扫描"属性管理器，设置如图5-7

所示，单击"确定"按钮 ✓，完成引导线扫描特征，如图5-8所示。

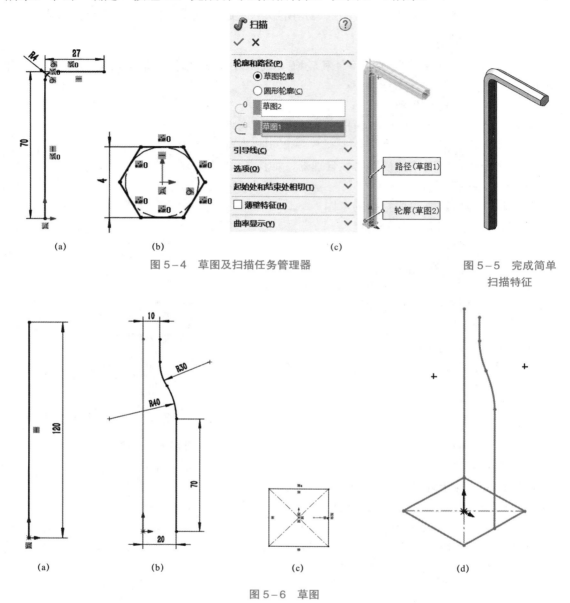

(a)　　　　　　　　(b)　　　　　　　　　(c)

图5-4　草图及扫描任务管理器

图5-5　完成简单
扫描特征

(a)　　　　　　(b)　　　　　　(c)　　　　　　(d)

图5-6　草图

提示：

首先绘制路径，其次绘制引导线，最后绘制轮廓（截面）。

3. 扫描切除特征

扫描切除特征是指通过沿着路径来移动一个草图轮廓，生成扫描来切除实体的特征。

其命令执行方式有两种：

单击"特征"工具栏中的"扫描切除"按钮 📷。

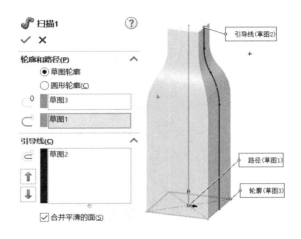

图 5-7 "扫描"任务管理器

图 5-8 完成带引导线的扫描特征

单击菜单栏"插入"→"切除"→"扫描"。

扫描切除特征的操作与扫描特征的相同,如图 5-9 所示。

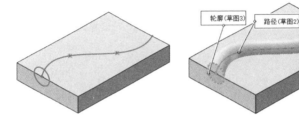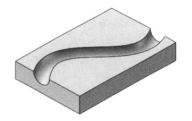

图 5-9 扫描切除特征

二、3D 螺旋线

螺旋线功能是指通过一个圆创建出一条具有恒定螺距或可变螺距的螺旋线。在 SOLIDWORKS 中要产生螺旋线,首先要绘制一个基础圆。

其命令执行方式有两种:

单击"特征"工具栏中"曲线"下的"螺旋线/涡状线"按钮🔗。

单击菜单栏"插入"→"曲线"→"螺旋线/涡状线"。

在"上视基准面"上,以原点为圆心,绘制直径为$\phi 10\ mm$ 的圆,单击"确定"按钮后,在 FeatureManager 设计树中显示已完成的"草图 1"名称。在图形区单击选择圆轮廓,单击"特征"工具栏中"曲线"下的"螺旋线/涡状线"按钮🔗,出现"螺旋线/涡状线"属性管理器,如图 5-10 所示。

"定义方式"面板:螺距和圈数、高度和圈数、螺距和高度、涡状线。

"参数"面板:

恒定螺距:指螺旋线螺距不变,一条螺旋线螺距全部一样。

可变螺距:指螺距是可以变化,一条螺旋线螺距可以不一样,如图 5-11 所示。

起始角度:是指螺旋开始的位置 0~360 度,一般为 0 度、90 度、180 度、270 度。

"锥形螺纹线"面板：指正常螺纹线锥度外张或者锥度缩小。

图 5-10 "螺旋线/涡状线"属性管理器

图 5-11 可变螺距

 任务实施

步骤一：生成螺钉圆柱体外形实体

一、进入草图绘制环境

（1）建立新文件。单击"新建"按钮 ，在弹出的"新建 SOLIDWORKS 文件"对话框中单击"零件"图标，单击"确定"按钮 确定 ，进入零件设计工作环境。

（2）单击 FeatureManager 设计树中的"前视基准面"图标，在弹出的关联菜单栏中单击"草图绘制"按钮 ，视图自动转正，在"上视基准面"上打开一张草图。

二、草图绘制

（1）绘制中心线。单击"草图"工具栏中的"中心线"按钮 ，以原点为起点向上绘制中心线。

（2）绘制螺钉外形轮廓草图。单击"草图"工具栏中的"直线"按钮 ，绘制草图轮廓并标注尺寸，如图5-12所示。

三、退出草图绘制模式。

单击图形区右上角的按钮 ，退出草图模式。此时在 FeatureManager 设计树中显示已完成的"草图1"的名称。

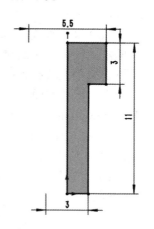

图 5-12 绘制螺钉外形草图
轮廓并标注尺寸

四、旋转生成螺钉圆柱体外形。

选择 FeatureManager 设计树中的"草图 1"，单击"特征"工具栏中的"旋转"按钮 ，出现"旋转"属性管理器，在图形区选择竖直中心线为旋转轴，设置如图 5-13 所示。单击"确定"按钮 ✓，生成基本体，如图 5-14 所示。

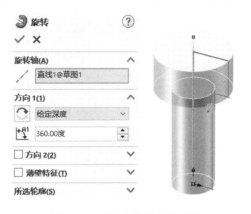

图 5-13 "旋转"属性管理器　　　　　　　　图 5-14 生成的旋转基本体

步骤二：生成内六角

一、草图绘制

（1）确定草图绘制平面。在图形区单击螺钉基体的上端面，在弹出的关联菜单栏中单击"草图绘制"按钮，单击"前导视图"工具栏中的"正视于"按钮，将视图转正。

（2）草图绘制。单击"草图"工具栏中的"多边形"按钮，以原点为中心绘制正六边形，标注内六角对边距离为 2.5 mm，添加内六角最右侧棱边为竖直几何关系，如图 5-15 所示。单击图形区右上角的按钮，退出草绘模式。此时在 FeatureManager 设计树中显示已完成的"草图 2"的名称。

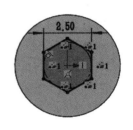

图 5-15 内六角草图绘制

二、创建拉伸切除特征

选择 FeatureManager 设计树中的"草图 2"，单击"特征"工具栏中的"拉伸切除"按钮，出现"切除-拉伸"属性管理器，"终止条件"选择"给定深度"，并设定深度为 1.3 mm，设置如图 5-16 所示。单击"确定"按钮 ✓，生成内六角槽，如图 5-17 所示。

三、草图绘制

（1）确定草图绘制平面。单击 FeatureManager 设计树中的"前视基准面"图标，在弹出的关联菜单栏中选择"草图绘制"按钮，单击"前导视图"工具栏中的"正视于"按钮，将视图转正，并单击"显示类型"下的"隐藏线可见"按钮。

图 5-16 "切除-拉伸"属性管理器

图 5-17 生成内六角槽

（2）草图绘制。绘制中心线及三角形，标注角度为 60°，添加三角形右侧顶点与六边形右侧棱边为重合几何关系，如图 5-18 所示。单击图形区右上角的按钮 ，退出草绘模式。此时在 FeatureManager 设计树中显示已完成的"草图 3"的名称。

四、创建旋转切除特征

单击"显示类型" 下的"带边着色"按钮 。选择"草图 3"，单击"特征"工具栏中"旋转切除"按钮 ，出现"切除-旋转"属性管理器，在图形区选择竖直中心线为旋转轴，设置图 5-19 所示。单击"确定"按钮 ，生成旋转切除特征，如图 5-20 所示。

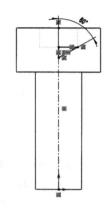

图 5-18 草图绘制

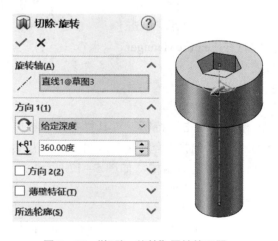

图 5-19 "切除-旋转"属性管理器

图 5-20 生成旋转切除特征

步骤三：创建倒角特征

单击"特征"工具栏中的"倒角"按钮 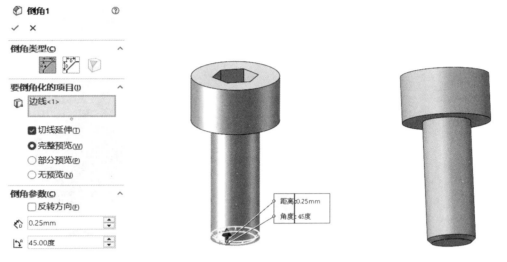，出现"倒角"属性管理器，单击螺钉基体下底面的边线，倒角距离为 0.25 mm，设置如图 5-21 所示。单击"确定"按钮 ✓，生成倒角特征，如图 5-22 所示。

图 5-21 "倒角"属性管理器

图 5-22 生成倒角特征

步骤四：绘制螺旋线

一、草图绘制

（1）确定草图绘制平面。在图形区单击螺钉基体的下端面，在弹出的关联菜单栏中选择"草图绘制"按钮 ，单击"前导视图"工具栏中的"正视于"按钮 ，将视图转正。

（2）绘制螺旋线基准圆草图。单击"草图"工具栏中的"转换实体引用"按钮 ，在图形区选择圆柱体外轮廓边线，如图 5-23 所示。单击"确定"按钮 ✓，这时圆柱体外轮廓圆投影到基准面生成草图，如图 5-24 所示。单击图形区右上角的按钮 ，退出草绘模式。此时在 FeatureManager 设计树中显示已完成的"草图 4"的名称。

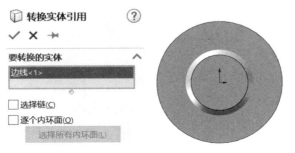

图 5-23 "转换实体引用"属性管理器

图 5-24 生成螺旋线基准圆草图

二、生成螺旋线

选择 FeatureManager 设计树中的"草图 4"，单击"特征"工具栏中"曲线"下的"螺旋线/涡状线"按钮⧖，出现"螺旋线/涡状线"属性管理器，设置如图 5-25 所示。单击"确定"按钮✓，在圆柱体上生成螺旋线，如图 5-26 所示。

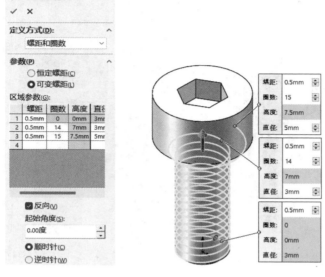

图 5-25 "螺旋线/涡状线"属性管理器设置

图 5-26 生成螺旋线

步骤五：创建外螺纹

一、草图绘制

（1）确定草图绘制平面。单击 FeatureManager 设计树中"前视基准面"图标，在弹出的关联菜单栏中选择"草图绘制"按钮⧉，单击"前导视图"工具栏中的"正视于"按钮⊥，将视图转正。

（2）绘制草图。单击"草图"工具栏中的"中心线"按钮✐，以左下侧顶点为起点绘制水平中心线，单击"草图"工具栏中的"直线"按钮✐，绘制上部分后，单击"草图"工具栏中的"镜向实体"按钮⊞，添加几何关系并标注尺寸，如图 5-27 所示。单击图形区右上角的按钮✐，退出草绘模式。此时在 FeatureManager 设计树中显示已完成的"草图 5"的名称。

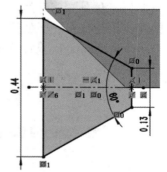

图 5-27 绘制草图

二、完成扫描切除

选择 FeatureManager 设计树中的"草图 5"，单击"特征"工具栏中的"扫描切除"按

钮 ，出现"切除－扫描"属性管理器，设置如图 5－28 所示。单击"确定"按钮 ✓，完成扫描切除特征的创建。单击"前导视图"工具栏中"隐藏所有类型" 👁 下的"观阅曲线"按钮 🔗，可取消螺旋线的显示，如图 5－29 所示。

图 5－28　设置扫描切除选项

步骤六：创建圆角特征

单击"特征"工具栏中的"圆角"按钮 🔲，出现"圆角"属性管理器，单击螺钉上表面的边线，圆角尺寸为 $R0.75\,\text{mm}$，设置如图 5－30 所示。单击"确定"按钮 ✓，生成圆角特征，完成内六角圆柱头螺钉的创建，如图 5－31 所示。

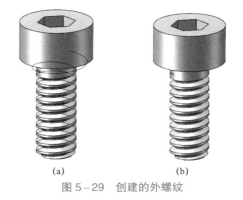

(a)　　　　　　　(b)

图 5－29　创建的外螺纹

图 5－30　"圆角"属性管理器　　　　　图 5－31　创建的内六角圆柱头螺钉

从 SOLIDWORKS 三维标准零件库中调用 M3×8 的内六角圆柱头螺钉。

在 SOLIDWORKS 的三维零件设计库中可以设计标准零件。Toolbox Toolbox 三维零件库是同 SOLIDWORKS 完全集成的三维标准零件库。它是充分利用了 SOLIDWORKS 的智能零件技术（独特的自动化装配技术）而开发的应用软件。设计人员在 SOLIDWORKS 的环境下，选择要加入的标准机械零件，只需设置相应标准和类型，利用拖拉放置的方式，便可把标准机械零件加入组合件中。也可自己将企业内部的标准零件添加到零件库中，以节省后期建立标准零件的时间。

Toolbox 支持 GB、ANSI Inch、ANSI Metric、BSI、CISC、DIN、ISO、JIS 和自定义企业标准。还可自定义 SOLIDWORKS Toolbox 零件库，使之包括企业的标准，或包括用户最常引用的零件。

Toolbox 的标准机械零件包含各种螺栓、螺钉、垫圈、螺母、销、动力传递（包含链轮、齿轮、带轮）、工模衬套、结构梁（包含铝、钢）、轴承、扣环、凸轮等。

使用设计库时，应该注意将用过的标准件也保存成零件文件，可避免重装系统后由于路径改变等原因而造成在使用 Toolbox 时出现问题。

Toolbox 中的 GB 库包括如图 5-32 所示的 11 种类型。

调用内六角圆柱头螺钉的步骤如下：

（1）建立新文件。单击"新建"按钮 □ ，在弹出的"新建 SOLIDWORKS 文件"对话框中单击"零件"图标，单击"确定"按钮 确定 ，进入零件设计工作环境。

（2）单击"任务窗格"中的"设计库"按钮 ，展开设计库。单击"Toolbox"按钮 Toolbox ，再单击下方的"现在插入"按钮，如图 5-33 所示。

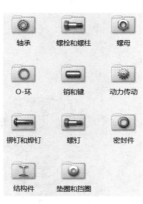

图 5-32　GB 库

图 5-33　调用标准件库

（3）调用零件。单击"GB"左侧的"展开"按钮 □ ■ GB ，继续单击"螺钉"左侧的"展开"按钮 □ ■ 螺钉 ，单击"凹头螺钉"按钮，右击"内六角圆柱头螺钉 GB/T 70.1—2000"，在弹出的关联菜单栏中选择"生成零件"命令,如图 5-34 所示。出现"配置零部件"属性管理器,单击"添加零件号",设置如图 5-35 所示。单击"确定"按钮,系统经过计算后,生成内六角圆柱头螺钉的模型。将文件另存,完成内六角圆柱头螺钉的设计。

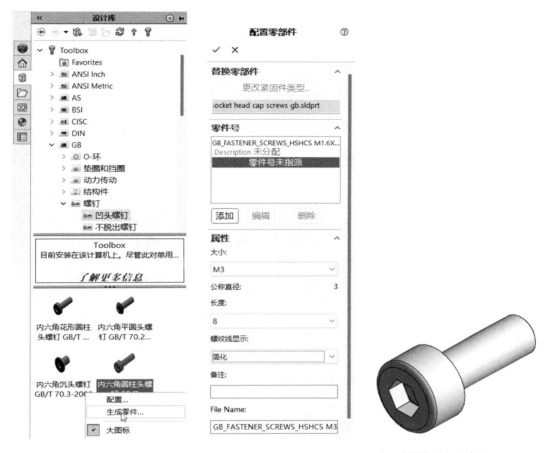

图 5-34　选择"生成零件"命令　　　　图 5-35　设置 M3×8 内六角圆柱头螺钉参数

 任务评价

任务评分表

评价项目	评价标准	参考分值	学生自评(15%)	学生互评(15%)	教师评价(70%)
标准件的选型	通过标准参照表正确选择标准件,确定标准件各部分尺寸	10			
基准面/基准轴的选择或建立	基准面/基准轴的选择或建立合理、准确	15			
草图的绘制	草图原点选择合理,无多余线条,无多余尺寸;尺寸标注规范,符合图纸要求;草图完全定义	30			

评价项目	评价标准	参考分值	学生自评（15%）	学生互评（15%）	教师评价（70%）
特征的创建	无冗余特征；特征参数设置合理、准确	20			
标准件库的使用	根据标准件型号，从标准件库中正确调用零件，生成标准件	10			
素质	善于观察，达到或超越任务素质目标	15			
总评					

任务小结

本任务主要介绍了螺旋线、扫描等特征工具的操作方法，以及从三维标准零件库中调用标准件的使用技巧。通过本任务的学习，应重点掌握扫描特征的操作方法。通过内六角扳手、内六角螺钉等标准件的设计，将装配工具与软件设计相融合，使学生更加清晰地了解生产，做到学以致用。并通过标准件参数的确定，锻炼学者独立选择标准件的能力，培养独立思考、严谨细致的工匠精神。

练 习 题

1. 参照图 5-1 与表 5-1 确定参数，结合任务实施步骤，完成 M4×12 的内六角圆柱头螺钉的三维设计。

2. 完成如图 5-36 所示管接头的三维设计。

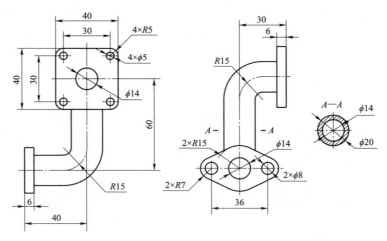

图 5-36 管接头

3. 完成如图 5-37 所示阀体的三维设计。

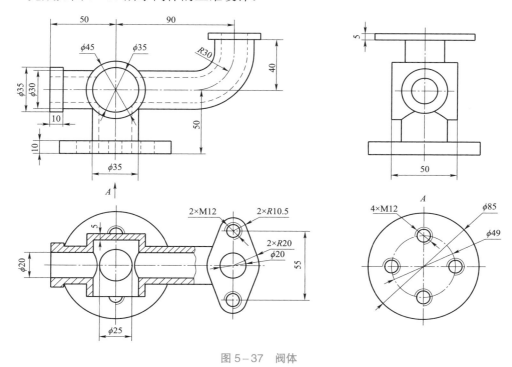

图 5-37　阀体

4. 从 SOLIDWORKS 三维标准零件库中调用 M6×12 的内六角圆柱头螺钉。

任务六　方圆接头设计

 任务描述

技能目标：

能够使用草图绘制工具进行草图绘制。

能够使用放样特征、抽壳特征进行参数化设计。

知识目标：

掌握草图工具。

掌握放样特征、抽壳特征。

素质目标：

通过本任务的学习，培养学生有条不紊、提前准备的良好习惯。鼓励学生发挥自己的积极态度，认真观察生活中的点点滴滴，促进科学技术的进步。

 任务引入

方圆接头如图6-1所示。本任务要求完成该零件的三维设计。

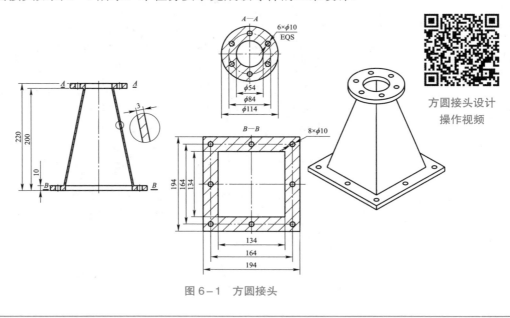

方圆接头设计
操作视频

图6-1　方圆接头

任务分解如图 6-2 所示。

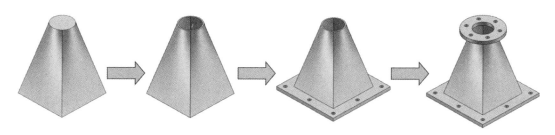

图 6-2　任务分解

相关知识

一、草图工具

1. 等距实体

等距实体工具用于按照特定的距离等距一个或多个草图实体、所选模型边线、模型面或外部的草图曲线等。

其命令执行方式有两种：

单击"草图"工具栏中的"等距实体"按钮 。

单击菜单栏"工具"→"草图工具"→"等距实体"。

绘制等距实体草图，如图 6-3 所示。单击"草图"工具栏中的"等距实体"按钮，出现"等距实体"属性管理器，如图 6-4 所示。

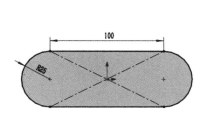

图 6-3　等距实体草图

图 6-4　"等距实体"属性管理器

1）等距实体属性

（等距距离）：设定等距距离数值来等距草图实体。

添加尺寸：在草图中添加等距距离尺寸标注。

反向：更改等距实体的方向。

选择链：生成所有连续草图实体的等距。

双向：在草图中生成双向等距实体。

顶端加盖：选中此复选项，将通过选中"双向"复选项并添加一顶盖来延伸原有非相交草图实体。可以选择"圆弧"或"直线"为延伸顶盖类型。

构造几何体：选中"基本几何体"复选项，可将原有草图实体转换为构造线；选中"偏移几何体"复选项，可将偏移的草图实体转换为构造线。

2）创建等距实体

在"等距实体"属性管理器中，设置"等距距离"为 10 mm，要等距的实体对象为草图 6-3，单击"等距实体"属性管理器中的"确定"按钮 ✓，完成等距实体草图绘制，如图 6-5 所示。

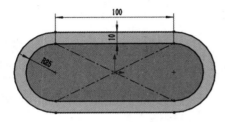

图 6-5　等距实体草图

2. 转换实体引用

转换实体引用是指通过已有的模型或草图，将其边线、环、面、曲线、外部草图轮廓线、一组边线或一组草图曲线投影到草图基准面上，从而在草图基准面上生成一个或多个草图实体。使用该命令时，如果引用的实体发生改变，那么转换的草图实体也会发生相应的改变。

其命令执行方式有两种：

单击"草图"工具栏中的"转换实体引用"按钮 ⬡。

单击菜单栏"工具"→"草图工具"→"转换实体引用"。

打开实例源文件"转换实体引用实例"，如图 6-6（a）所示。选择需要添加草图的"基准面 1"，单击"草图"工具栏中的"草图绘制"按钮 ⬒，进入草图绘制状态。选取需要进行实体转换的两个圆（选取对象为多个时，选取完一个按住 Ctrl 键再选取另一个）。单击"草图"工具栏中的"转换实体引用"按钮 ⬡，执行转换实体引用命令，如图 6-6（b）所示。

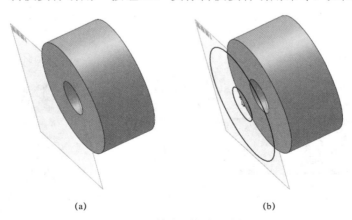

（a）　　　　　　　　　　　　（b）

图 6-6　转换实体引用过程

（a）"转换实体引用"前的图形；（b）"转换实体引用"后的图形

二、放样特征

放样是指连接多个剖面或轮廓形成基体、凸台、曲面，通过在轮廓之间进行过渡来生成特征。

1. 放样属性

其命令执行方式有两种：

单击"特征"工具栏中的"放样凸台/基体"按钮 。

单击菜单栏"插入"→"凸台/基体"→"放样"。

执行命令后，出现"放样"属性管理器，如图6-7所示。

1）"轮廓"面板

"轮廓"面板如图6-8所示。

图6-7 "放样"属性管理器　　图6-8 "轮廓"面板

（轮廓）：决定用来生成放样的轮廓。选择要连接的草图轮廓、面或边线。放样根据轮廓选择的顺序生成。对于每个轮廓，都需要选择想要放样路径经过的点。

（上移）或（下移）：调整轮廓的顺序，放样时选中一轮廓，单击这两个按钮，即可调整该轮廓的放样顺序。

2）"开始/结束约束"面板

"开始/结束约束"面板如图6-9所示。

开始约束：应用约束以控制开始轮廓的相切。

结束约束：应用约束以控制结束轮廓的相切。

下拉菜单有三个选项。

无：不应用相切约束。

方向向量：根据所选方向向量进行相切约束。

垂直于轮廓：应用垂直于开始或结束轮廓的相切约束。

3）"引导线"面板

（引导线）：用于选择引导线来控制放样。

选项：控制轮廓在沿路径扫描时加以引导。

图6-9 "开始/结束约束"面板

⬆（上移）或⬇（下移）：用于调整引导线的顺序，选择一条引导线后，即可通过这两个按钮调整引导线的顺序。

图6-10　"中心线参数"面板

引导相切类型：控制放样与引导线相遇处的相切情况。

4）"中心线参数"面板

"中心线参数"面板如图6-10所示。

（中心线）：用于选择中心线来引导放样形状。

截面数：在轮廓之间并绕中心线以添加截面。移动滑块可以调整截面数。

（显示截面）：显示放样截面。单击微调按钮可以切换当前显示截面，也可以输入一截面编号，然后单击（显示截面）以跳到此截面。

2. SOLIDWORKS 三种放样方法

简单放样：不设置引导线及中心线的一种放样方法。

中心线放样：使用一条变化的中心线作为引导线的放样。

引导线放样：使用一条或多条引导线生成放样。

1）简单放样

打开实例源文件"简单放样"，如图6-11（a）所示。单击"特征"工具栏中的"放样凸台/基体"按钮🔔，出现"放样"属性管理器，设置如图6-11（b）所示。单击"确定"按钮✓，完成简单放样特征，如图6-12所示。在生成之前，可以通过引导线来微调放样几何体形状。

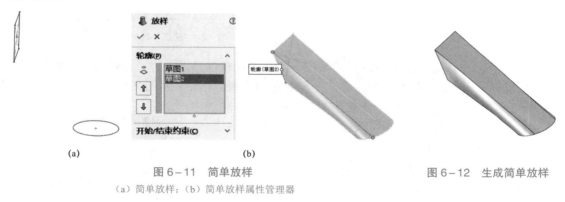

（a）　　　　　　　　　　　（b）

图6-11　简单放样　　　　　　　　　　　　　　　　　图6-12　生成简单放样

（a）简单放样；（b）简单放样属性管理器

2）引导线放样

使用两个或多个轮廓并使用一条或多条引导线来连接轮廓，可以生成引导线放样。通过引导线可以控制所生成的中间轮廓。

打开实例源文件"引导线放样"，如图6-13（a）所示。单击"特征"工具栏中的"放样凸台/基体"按钮🔔，出现"放样"属性管理器，设置如图6-13（b）所示。单击"确定"按钮✓，完成引导线放样特征，如图6-14所示。

3）中心线放样

将一条变化的引导线作为中心线的放样，在中心线放样特征中，所有中间截面的草图基准面都与此中心线垂直。

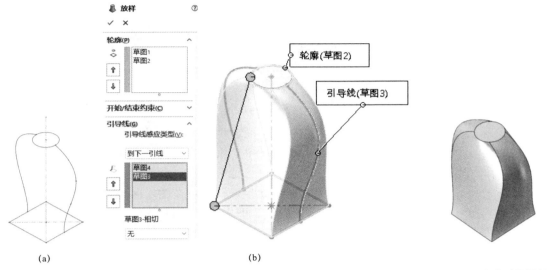

（a）

（b）

图 6-13　引导线放样

（a）引导线放样；（b）引导线放样属性管理

图 6-14　生成引导线放样

　　打开实例源文件"中心线放样"，如图 6-15（a）所示。单击"特征"工具栏中"放样凸台/基体"按钮🛁，出现"放样"属性管理器，设置如图 6-15（b）所示，单击"确定"按钮✓，完成中心线放样特征，如图 6-16 所示。

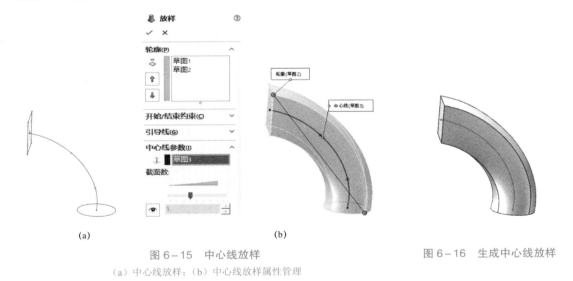

（a）

（b）

图 6-15　中心线放样

（a）中心线放样；（b）中心线放样属性管理

图 6-16　生成中心线放样

三、抽壳特征

　　抽壳特征可以掏空实体，使所选择的面敞开，在其他面上生成薄壁特征。如果没有选择模型上的任何面，则掏空实体，生成闭合抽壳特征。

图 6-17 "抽壳"属性管理器

1. 抽壳属性

其命令执行方式有两种：

单击"特征"工具栏中的"抽壳"按钮🗔。

单击菜单栏"插入"→"特征"→"抽壳"。

执行命令后，出现"抽壳"属性管理器，如图 6-17 所示。

1)"参数"面板

🗔（厚度）：设置抽壳的厚度。

🗔（要移除的面）：指定要移除的面。被指定的面将形成开口。

厚度朝外：选中此复选框，将以实体表面向外增加厚度，并以原实体抽掉的方式进行抽壳。

显示预览：选中此复选框，可在图形区预览抽壳效果。

2)"多厚度设定"面板

🗔（多厚度）：指定每个多厚度面的壁厚。

🗔（多厚度面）：指定需要设置不同厚度的面。

2. 等厚度抽壳

打开实例源文件"等厚度抽壳实例"，单击"特征"工具栏中的"抽壳"按钮🗔，出现"抽壳"属性管理器，🗔（厚度）设置为 4 mm，在图形区选择上表面，即面<1>为要移除的面，设置如图 6-18 所示。单击"确定"按钮✓，完成等厚度抽壳特征，如图 6-19 所示。

图 6-18 "抽壳"属性管理器设置

图 6-19 生成等厚度抽壳特征

3. 多厚度抽壳

打开实例源文件"多厚度抽壳实例"，单击"特征"工具栏中的"抽壳"按钮🗔，出现"抽壳"属性管理器，🗔（厚度）设置为 4 mm，在图形区选择上表面，即面<1>为要移除的面。🗔（多厚度）设置为 10 mm（不同壁厚面的参数），并在图形区选择前表面，即面<2>为不同壁厚的面，设置如图 6-20 所示。单击"确定"按钮✓，完成多厚度抽壳特征，如图 6-21 所示。

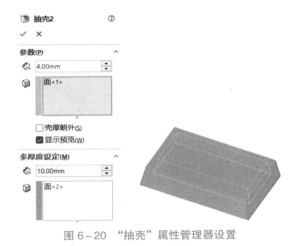

图 6-20 "抽壳"属性管理器设置   图 6-21 生成多厚度抽壳特征

任务实施

步骤一：草图绘制

一、进入草图绘制环境

（1）建立新文件。单击"新建"按钮，在弹出的"新建 SOLIDWORKS 文件"对话框中单击"零件"图标，单击"确定"按钮 确定 ，进入零件设计工作环境。

（2）确定草图绘制平面。单击 FeatureManager 设计树中的"上视基准面"图标，在弹出的关联菜单栏中单击"草图绘制"按钮，视图自动转正，进入草图绘制环境。

二、绘制矩形

绘制矩形。单击"草图"工具栏中的"中心矩形"按钮，过原点绘制边长为 140 mm 的正方形。

三、退出草图绘制模式

单击图形区右上角的按钮，退出草图绘制环境，此时在 FeatureManager 设计树中显示已完成的"草图 1"的名称。

四、创建基准面

创建基准面。单击"参考几何体"工具栏中的"基准面"按钮，出现"基准面"属性管理器，设置如图 6-22 所示。单击"确定"按钮，创建基准面 1，如图 6-23 所示。

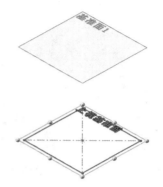

图 6-22 "基准面"属性管理器设置   图 6-23 创建的"基准面 1"

五、绘制圆

（1）选择"基准面 1"绘制草图。单击 FeatureManager 设计树中的"基准面 1"图标，在弹出的关联菜单栏中选择"草图绘制"按钮 ，并单击"前导视图"工具栏中的"正视于"按钮 ，将视图转正。

（2）绘制圆。单击"草图"工具栏中的"圆"按钮 ，过原点绘制 $\phi60$ mm 的圆。

（3）单击图形区右上角的按钮 ，退出草图绘制环境，此时在 FeatureManager 设计树中显示已完成的"草图 2"的名称。

步骤二：放样形成基本体

单击"特征"工具栏中的"放样凸台/基体"按钮 ，出现"放样"属性管理器，设置如图 6-24 所示。单击"确定"按钮 ，完成放样特征的创建，如图 6-25 所示。

图 6-24 "放样"属性管理器   图 6-25 完成放样特征的创建

步骤三：创建抽壳特征

单击"特征"工具栏中的"抽壳"按钮 ，出现"抽壳"属性管理器，设置如图 6-26

所示。单击"确定"按钮✓，完成抽壳特征的创建，如图 6-27 所示。

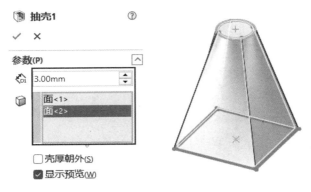

图 6-26 "抽壳"属性管理器设置

图 6-27 完成抽壳特征的创建

步骤四：拉伸方形端面

一、绘制草图

（1）确定草图绘制平面。单击 FeatureManager 设计树中的"上视基准面"图标，在弹出的关联菜单栏中选择"草图绘制"按钮 ，单击"前导视图"工具栏中的"正视于"按钮 ，将视图转正。

（2）等距实体。在图形区选取最内侧正方形边线，设置参数为 30 mm，设置如图 6-28 所示，完成等距实体。使用同样的方法完成参数为 15 mm 的等距实体，并将生成的正方形转换为构造线，如图 6-29 所示。

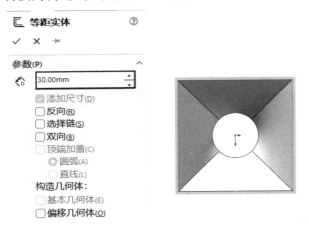

图 6-28 "等距实体"管理器设置

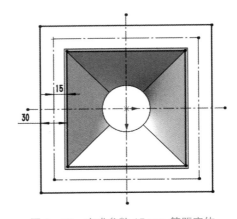

图 6-29 完成参数 15 mm 等距实体

（3）转换实体引用。在图形区选取最内侧正方形边线，单击"转换实体引用"按钮 ，完成实体转换。

（4）绘制中心线。单击"草图"工具栏中的"中心线"按钮 ，过原点绘制水平、竖直中心线。

（5）绘制圆。单击"草图"工具栏中的"圆"按钮 ⊙ ，在构造线交点处绘制圆，如图 6－30 所示。

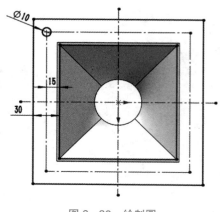

图 6－30　绘制圆

（6）线性阵列。单击"草图"工具栏中的"线性草图阵列"按钮 ，出现"线性阵列"属性管理器，设置如图 6－31 所示。单击"确定"按钮 ✔ ，完成线性草图阵列，如图 6－32 所示。

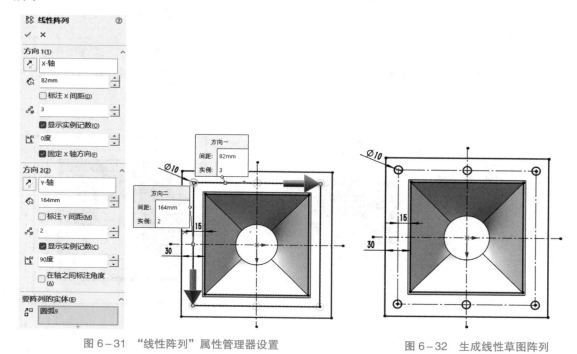

图 6－31　"线性阵列"属性管理器设置　　　　　图 6－32　生成线性草图阵列

（7）绘制圆。单击"草图"工具栏中的"圆"按钮 ⊙ ，在构造线与水平中心线交点处绘制 $\phi 10$ mm 的圆。将草图完全定义，如图 6－33 所示。

（8）单击图形区右上角的按钮 ，退出草图绘制环境。此时在 FeatureManager 设计树中显示已完成的"草图 5"的名称。

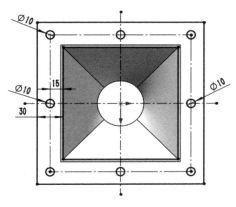

图 6-33　完全定义草图

二、拉伸方形端面

选择 FeatureManager 设计树中的"草图 5",单击"特征"工具栏中的"拉伸凸台/基体"按钮 ,出现"凸台-拉伸"属性管理器,设置如图 6-34 所示。单击"确定"按钮 ,生成方形凸台,如图 6-35 所示。

图 6-34　"凸台-拉伸"属性管理器设置

图 6-35　生成方形凸台

步骤五:拉伸圆形端面

一、绘制草图

(1)确定草图绘制平面。单击 FeatureManager 设计树中的"基准面 1"图标,在弹出的关联菜单栏中选择"草图绘制"按钮 ,单击"前导视图"工具栏中的"正视于"按钮 ,将视图转正。

（2）等距实体。在图形区选取最内侧的圆，设置参数为 30 mm，设置如图 6-36 所示，完成等距实体。使用同样的方法完成参数为 15 mm 的等距实体，并将生成的圆转换为构造线，如图 6-37 所示。

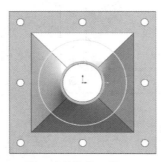
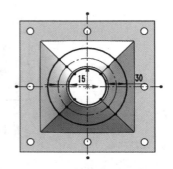

图 6-36　参数 30 mm "等距实体" 管理器　　　　图 6-37　完成参数 15 mm 等距实体

（3）转换实体引用。在图形区选取最内侧的圆，单击"转换实体引用"按钮，完成实体转换。

（4）绘制中心线。单击"草图"工具栏中的"中心线"按钮，过原点绘制水平、竖直中心线。

（5）绘制圆。单击"草图"工具栏中的"圆"按钮，在构造线与竖直中心线交点处绘制圆，如图 6-38 所示。

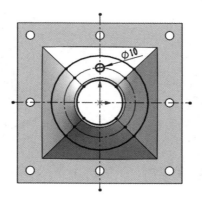

图 6-38　绘制 φ10 mm 圆

（6）圆周阵列。单击"草图"工具栏中的"圆周草图阵列"按钮，出现"圆周阵列"属性管理器，设置如图 6-39 所示。单击"确定"按钮，完成圆周草图阵列，如图 6-40 所示。将草图完全定义。

（7）单击图形区右上角的按钮，退出草图绘制环境。此时在 FeatureManager 设计树中显示已完成的"草图 6"的名称。

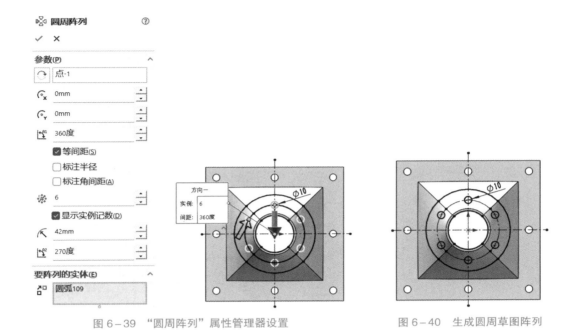

图6-39　"圆周阵列"属性管理器设置　　　　图6-40　生成圆周草图阵列

二、拉伸圆形端面

选择 FeatureManager 设计树中的"草图6"，单击"特征"工具栏中的"拉伸凸台/基体"按钮，出现"凸台-拉伸"属性管理器，设置如图6-41所示。单击"确定"按钮，生成方圆接头，如图6-42所示。

图6-41　"凸台-拉伸"属性管理器设置

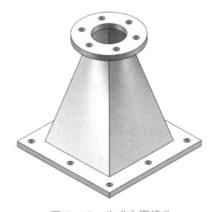

图6-42　生成方圆接头

叉架如图6-43所示，任务分解如图6-44所示。本任务要求完成该零件的三维设计。

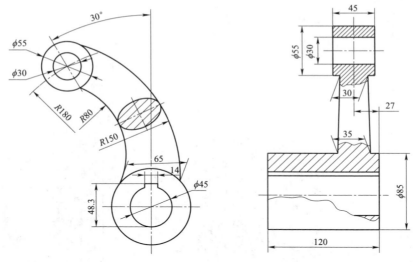

图 6-43 叉架

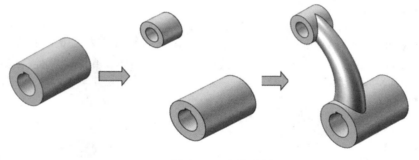

图 6-44 任务分解

步骤一：绘制圆柱

一、绘制底部圆柱

（1）建立新文件。单击"新建"按钮 ▢，在弹出的"新建 SOLIDWORKS 文件"对话框中单击"零件"图标，单击"确定"按钮 确定，进入零件设计工作环境。

（2）绘制底部圆柱。单击 FeatureManager 设计树中的"前视基准面"图标，在弹出的关联菜单栏中选择"草图绘制"按钮 ⌐，绘制如图 6-45 所示的"草图 1"。单击"特征"工具栏中的"拉伸凸台/基体"按钮 ▥，设置如图 6-46 所示，单击"确定"按钮 ✓，生成底部圆柱体。

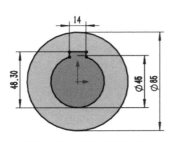

图 6-45　绘制"草图 1"

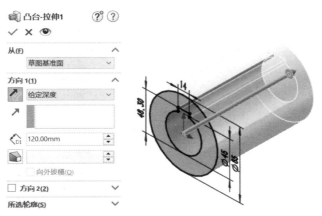

图 6-46　拉伸生成底部圆柱体

二、绘制顶部圆柱体

绘制顶部圆柱体。单击 FeatureManager 设计树中的"前视基准面"图标，在弹出的关联菜单栏中单击"草图绘制"按钮 ，绘制如图 6-47 所示的"草图 2"。单击"特征"工具栏中的"拉伸凸台/基体"按钮 ，设置如图 6-48 所示，单击"确定"按钮 ，生成顶部圆柱体。

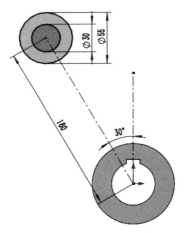

图 6-47　绘制"草图 2"

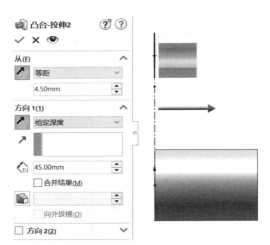

图 6-48　拉伸生成顶部圆柱体

步骤二：创建引导线

（1）创建基准面 1。单击 FeatureManager 设计树中的"右视基准面"图标，在弹出的关联菜单栏中单击"草图绘制"按钮 ，绘制如图 6-49 所示的"草图 3"。单击图形区右上角的按钮 ，退出草图绘制环境。单击"参考几何体"工具栏中的"基准面"按钮 ，第一参考选择圆柱圆环面，第二参考选择"草图 3"所绘制的直线，设置如图 6-50 所示，单击"确定"按钮 ，创建基准面 1。

图 6-49　绘制"草图 3"

图 6-50　"基准面"属性管理器设置

（2）绘制 2 条引导线。单击 FeatureManager 设计树中的"基准面 1"图标，在弹出的关联菜单栏中选择"草图绘制"按钮，绘制如图 6-51 所示的"草图 4"，单击图形区右上角的按钮，退出草图绘制环境。继续以"基准面 1"作为草绘平面绘制如图 6-52 所示的"草图 5"，单击图形区右上角的按钮，退出草图绘制环境。

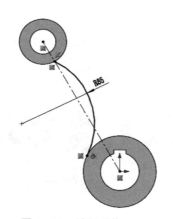

图 6-51　绘制"草图 4"

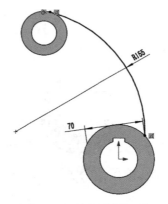

图 6-52　绘制"草图 5"

（3）绘制定位线。隐藏"基准面 1""草图 3""草图 4""草图 5"，单击 FeatureManager 设计树中的"右视基准面"图标，在弹出的关联菜单栏中选择"草图绘制"按钮，绘制如图 6-53 所示的"草图 6"。单击图形区右上角的按钮，退出草图绘制环境。显示"基准面 1""草图 3""草图 4""草图 5"，如图 6-54 所示。

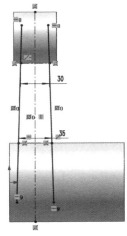

图 6-53 绘制"草图 6"

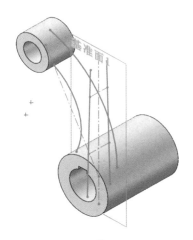

图 6-54 草图显示

步骤三：绘制椭圆

（1）创建基准面 2。单击"草图"工具栏中"草图绘制"下的"3D 草图"按钮 [3D]，单击"直线"按钮 ✏，连接引导线与下圆柱的交点，绘制如图 6-55 所示的"3D 草图 1"，单击"草图绘制"下的"3D 草图"按钮 [3D]，退出草图绘制环境。单击"参考几何体"工具栏中的"基准面"按钮 ▥，第一参考选择圆柱圆环面，第二参考选择"3D 草图 1"所绘制的直线，设置如图 6-56 所示，单击"确定"按钮 ✔，创建基准面 2。

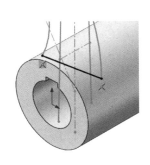

图 6-55 绘制 3D 草图

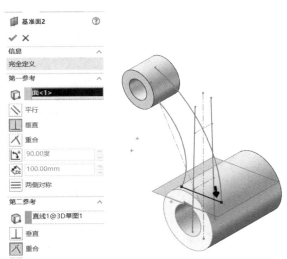

图 6-56 创建基准面 2

（2）创建底部椭圆。单击 FeatureManager 设计树中的"基准面 2"图标，在弹出的关联菜单栏中选择"草图绘制"按钮 ⌐，单击"草图"工具栏中的"椭圆"按钮 ⊙，单击"3D 草图 1"所绘制直线的中点，再单击直线的端点，最后单击任意位置，绘制椭圆，如图 6-57 所示。添加椭圆长轴端点与"草图 6"右侧直线重合几何关系，如图 6-58 所示，绘制"草

图 7"。单击图形区右上角的按钮 ，退出草图绘制环境。

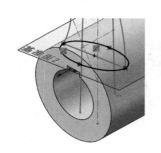

图 6-57　绘制椭圆

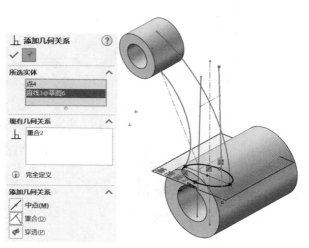

图 6-58　绘制"草图 7"

（3）创建基准面 3。单击"草图"工具栏中"草图绘制"下的"3D 草图"按钮 ，单击"直线"按钮 ，连接引导线与上圆柱的交点，绘制如图 6-59 所示的"3D 草图 2"，单击"草图绘制"下的"3D 草图"按钮 ，退出草图绘制环境。单击"参考几何体"工具栏中的"基准面"按钮 ，第一参考选择圆柱圆环面，第二参考选择"3D 草图 2"所绘制的直线，设置如图 6-60 所示，单击"确定"按钮 ，创建基准面 3。

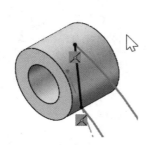

图 6-59　绘制 3D 草图

图 6-60　创建基准面 3

（4）创建顶部椭圆。单击 FeatureManager 设计树中的"基准面 3"图标，在弹出的关联菜单栏中选择"草图绘制"按钮 ，单击"草图"工具栏中的"椭圆"按钮 ，单击"3D

草图 2"所绘制直线的中点，单击直线的端点，单击任意位置，绘制椭圆，如图 6−61 所示。添加椭圆短轴端点与"草图 6"右侧直线重合几何关系，如图 6−62 所示，创建"草图 8"。单击图形区右上角的按钮，退出草图绘制环境。

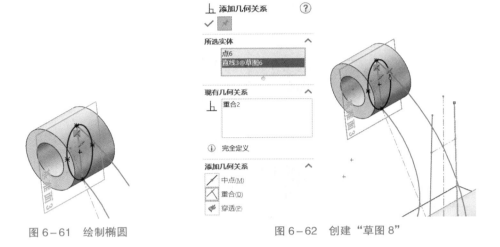

图 6−61　绘制椭圆　　　　　　　　　　　图 6−62　创建"草图 8"

步骤四：放样凸台

单击"特征"工具栏中的"放样凸台/基体"按钮，出现"放样"属性管理器，设置如图 6−63 所示。单击"确定"按钮，完成放样特征的创建，如图 6−64 所示。

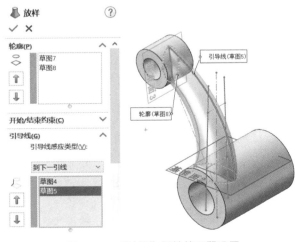

图 6−63　"放样"属性管理器设置

图 6−64　完成放样特征的创建

任务评分表

评价项目	评价标准	参考分值	学生自评（15%）	学生互评（15%）	教师评价（70%）
基准面/基准轴的选择或建立	基准面/基准轴的选择或建立合理、准确	15			
草图的绘制	草图原点选择合理，无多余线条，无多余尺寸；尺寸标注规范，符合图纸要求；草图完全定义	40			
特征的创建	无冗余特征；特征参数设置合理、准确	20			
操作熟练度	步骤操作熟练、高效	10			
素质	增强自信、善于观察，达到或超越任务素质目标	15			
总评					

任务小结

本任务主要介绍了草图工具（等距实体、转换实体引用）、特征（放样、抽壳）基本操作。任务的重点是草图工具的使用、放样特征的创建。学生通过对任务的反复练习，不仅提高了效率，培养了有条不紊、提前准备的良好习惯，也激发了学生积极乐观的态度，认真观察生活中的点点滴滴，促进科学技术的进步。

练 习 题

1. 完成如图 6–65 所示梯形罩的三维设计。

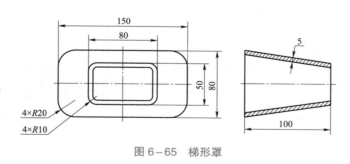

图 6–65 梯形罩

2. 完成如图 6–66 所示花瓶的三维设计。

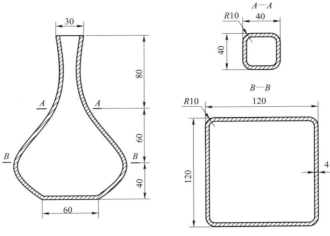

图 6-66 花瓶

3. 参照表 6-1 和图 6-67 所示，请注意其中孔均为贯穿孔，求模型的体积。

表 6-1 位置和尺寸

A	B	C	D	E	体积
60	35	60	130	50	

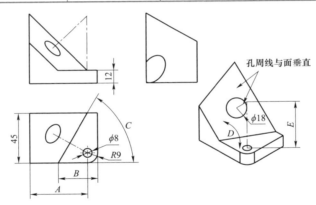

图 6-67 工装块

任务描述

技能目标：

能够使用曲面工具进行曲面零件的设计。

知识目标：

了解造型曲面的设计方法和用途。

掌握曲面生成、曲面修改以及曲面控制的原理。

素质目标：

培养学生主人翁意识，树立爱国情怀、民族自豪感，引导学生对国家智能制造政策、核心价值观的认同。

新质生产力

任务引入

工业机器人示教器后盖如图 7−1 所示。本任务要求完成该零件的三维数字化设计。

示教器后盖设计
操作视频

图 7−1　工业机器人示教器后盖

任务分解

任务分解如图 7−2 所示。

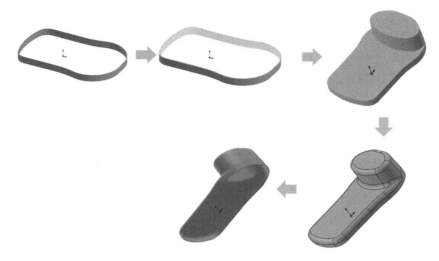

图 7-2 任务分解

 相关知识

SOLIDWORKS 中生成曲面的方法主要包括：从草图拉伸曲面、旋转曲面、扫描曲面或放样曲面；从草图或基准面上的一组闭环边线插入一个平面；从现有的面或曲面等距曲面；生成中面以及延展曲面等。

一、曲面生成

1. 拉伸曲面

拉伸曲面是指将一条曲线拉伸为曲面。拉伸曲面可以从草图所在的基准面、指定的曲面/面/基准面、草图的顶点以及与当前草图基准面等距的基准面等开始拉伸，如图 7-3 所示。

其命令执行方式有两种：

单击"曲面"工具栏中的"拉伸曲面"按钮 。

单击菜单栏"插入"→"曲面"→"拉伸曲面"。

单击"曲面"工具栏中的"拉伸曲面"按钮 ，出现"曲面-拉伸"属性管理器，如图 7-4 所示。

1）曲面-拉伸属性

（1）"方向 1"面板。

设置曲面拉伸的"终止条件"，有四种设定方式：

给定深度：从草图基准面拉伸特征到指定的距离。

成形到一面：从草图基准面拉伸特征到所选的曲面以生成特征。

到离指定面指定的距离：从草图基准面拉伸特征到距某面或曲面特定距离处以生成特征。

两侧对称：从草图基准面向两个方向对称拉伸特征。

（反向按钮）：与预览中所示方向相反的拉伸特征。

 （拉伸深度）：设置拉伸的深度。

 （拔模开/关）：创建拉伸特征的同时，对实体进行拔模操作。使用时需要设置拔模角度，还可以根据需要选择向外或向内拔模。

（2）"方向 2"面板。

如果同时需要从草图基准面两个方向拉伸，则参照"方向 1"面板的设置对"方向 2"面板进行设置。

2）创建拉伸曲面特征

绘制拉伸草图，如图 7-3 所示。单击"曲面"工具栏中的"拉伸曲面"按钮 ，出现"曲面-拉伸"属性管理器，激活"开始条件"列表框，选择"草图基准面"，激活"终止条件"列表框，选择"给定深度"，并设定深度为 50 mm，设置如图 7-4 所示。单击"确定"按钮 ✓，完成拉伸曲面，如图 7-5 所示。

图 7-3　拉伸草图　　　图 7-4　"曲面-拉伸"属性管理器设置　　　图 7-5　生成拉伸曲面

2. 旋转曲面

旋转曲面是指将交叉或者不交叉的草图，用所选轮廓指针生成旋转曲面。

其命令执行方式有两种：

单击"曲面"工具栏中的"旋转曲面"按钮 。

单击菜单栏"插入"→"曲面"→"旋转曲面"。

执行"旋转曲面"命令后，出现"曲面-旋转"属性管理器，如图 7-6 所示。

1）曲面-旋转属性

（1）"旋转轴"面板。

 （旋转轴）：选择所绘草图中的一条中心线、直线或边线作为生成旋转特征的回转轴线。

（2）"方向 1"面板。

图 7-6　"曲面-旋转"属性管理器

设置旋转有五种方式：

给定深度：草图向一个方向旋转到指定角度。

成形到顶点：草图旋转到指定顶点所在的面。

成形到面：草图旋转到指定的面。

到离指定面指定的距离：先选一个面，并输入指定距离，特征旋转到所选面指定距离终止。

两侧对称：草图以所在平面为轴，分别向两个方向旋转相同的角度。

（反向按钮）：与预览中所示方向相反的旋转特征。

（旋转角度）：设定旋转的角度。

（3）"方向 2"面板：在完成了方向 1 后，选择方向 2 以从草图基准面的另一方向定义旋转特征。

2）创建旋转曲面特征

绘制旋转草图，如图 7-7 所示。单击"曲面"工具栏中的"旋转曲面"按钮 🌑，出现"曲面-旋转"属性管理器，激活"旋转轴"列表框，选择中心线为旋转轴，"旋转方式"选择"给定深度"，并设定旋转角度为 180 度，设置如图 7-8 所示。单击"确定"按钮 ✔，完成旋转特征创建，如图 7-9 所示。

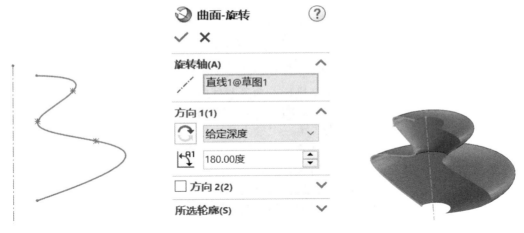

图 7-7　绘制旋转草图　　图 7-8　"曲面-旋转"属性管理器设置　　图 7-9　完成旋转曲面创建

3. 平面区域

其命令执行方式有两种：

单击"曲面"工具栏中的"平面区域"按钮 🔲。

单击菜单栏"插入"→"曲面"→"平面区域"。

使用平面区域工具可以从两个途径生成平面。

由一个 2D 草图生成一个有限边界组成的平面区域，如图 7-10 所示。

由零件上的一个封闭环（必须在同一个平面上）生成一个有限边界组成的平面区域，如图 7-11 所示。

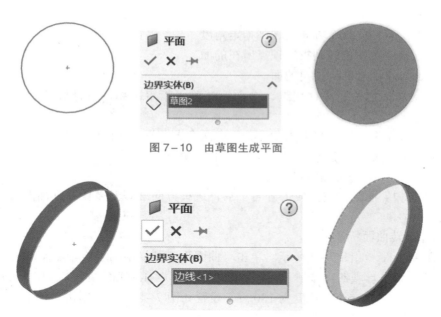

图 7-10 由草图生成平面

图 7-11 由零件封闭环生成平面

4. 等距曲面

等距曲面又可以称为复制曲面，是指原曲面上的任何点均在该点的法线方向上偏移一个指定的距离，从而形成一个新的曲面。当指定距离为 0 时，新曲面就是原有曲面的复制体。

其命令执行方式有两种：

单击"曲面"工具栏中的"等距曲面"按钮 。

单击菜单栏"插入"→"曲面"→"等距曲面"。

图 7-12 等距曲面特征实例

打开"等距曲面特征实例"，如图 7-12 所示，单击"曲面"工具栏中的"等距曲面"按钮 ，出现"等距曲面"属性管理器，激活"要等距曲面或面"列表框，在图形区选择面<1>，在"等距距离"文本框中设定距离为 10 mm，设置如图 7-13 所示。单击"确定"按钮 ，完成等距曲面，如图 7-14 所示。

图 7-13 "等距曲面"属性管理器设置

图 7-14 生成的等距曲面

5. 延展曲面

通过沿所选平面方向延展实体或曲面的边线来生成曲面。

其命令执行方式有两种：

单击"曲面"工具栏中的"延展曲面"按钮 。

单击菜单栏"插入"→"曲面"→"延展曲面"。

打开"延展曲面特征实例"，单击"曲面"工具栏中的"延展曲面"按钮 ，出现"延展曲面"属性管理器，激活"延展方向参考"列表框，选取一个与延展曲面方向平行的参考基准面，此处选择面<1>，激活"要延展的边线"列表框，在图形区选择边线<1>，设定延展距离为 10 mm，设置如图 7–15 所示。单击"确定"按钮 ，生成如图 7–16 所示的曲面。

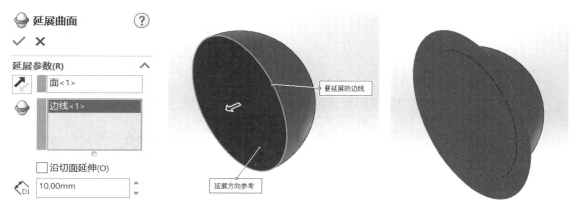

图 7–15 "延展曲面"属性管理器设置　　　　　图 7–16 延展得到的曲面

二、曲面控制

1. 缝合曲面

缝合曲面是将两张或两张以上曲面组合在一起所形成的曲面。缝合曲面的生成条件是多张曲面边线必须相邻并且不重叠，但不一定要在同一基准面上。对于缝合曲面，可以选择整个曲面实体，曲面不吸收用于生成它们的曲面，也就是说，那些曲面仍然可以单独选中，但当缝合曲面形成一闭合体积或保留为曲面实体时生成一实体。获得缝合曲面生成条件的途径有延伸曲面延伸到参考面后再进行裁剪和由封闭曲面的边线生成曲面区域等。

其命令执行方式有两种：

单击"曲面"工具栏中的"缝合曲面"按钮 。

单击菜单栏"插入"→"曲面"→"缝合曲面"。

现有两个曲面，如图 7–17 所示，单击"曲面"工具栏中的"缝合曲面"按钮 ，出现"缝合曲面"属性管理器，激活"要缝合的曲面"列表框，在图形区选择"曲面–拉伸1""曲面–基准面 1"，设置如图 7–18 所示。单击"确定"按钮 ，生成如图 7–19 所示的曲面。

图 7-17 缝合前的曲面　　　图 7-18 "缝合曲面"属性管理器设置　　　图 7-19　曲面缝合结果

2. 加厚曲面

其命令执行方式有两种：

单击"曲面"工具栏中的"加厚"按钮 📦。

单击菜单栏"插入"→"凸台/基体"→"加厚"。

打开实例源文件"加厚前曲面实例"，如图 7-20 所示。单击"曲面"工具栏中的"加厚"按钮 📦，出现"加厚"属性管理器，在"厚度"文本框中输入 2 mm，设置如图 7-21所示。单击"确定"按钮 ✓，生成如图 7-22 所示的曲面。

图 7-20　加厚前曲面　　　图 7-21　"加厚"属性管理器设置　　　图 7-22　曲面加厚结果

任务实施

步骤一：绘制底座曲面

一、草图绘制

（1）建立新文件。单击"新建"按钮 📄，在弹出的"新建 SOLIDWORKS 文件"对话框中单击"零件"图标，单击"确定"按钮 <u>确定</u>，进入零件设计工作环境。

（2）绘制草图。在 FeatureManager 设计树中选择"上视基准面"图标，在弹出的关联菜单栏中选择"草图绘制"按钮，视图自动转正，进入草图绘制环境。绘制草图 1，如图 7-23 所示。单击图形区右上角的按钮，退出草图绘制环境。此时在 FeatureManager 设计树中显示已完成的"草图 1"的名称。

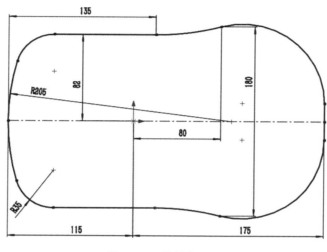

图 7-23　绘制草图 1

二、曲面拉伸生成曲面

单击"曲面"工具栏中的"拉伸曲面"按钮，出现"曲面-拉伸"属性管理器，"终止条件"选择"给定深度"，并设定深度为 22 mm，设置如图 7-24 所示。单击"确定"按钮，完成"曲面-拉伸 1"的创建，如图 7-25 所示。

图 7-24　"曲面-拉伸"属性管理器设置

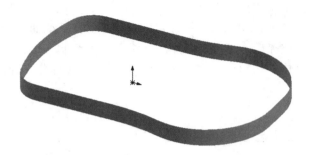

图 7-25 完成曲面-拉伸 1 创建

三、平面区域生成基准面

选择 FeatureManager 设计树中的"草图 1",单击"曲面"工具栏中的"平面区域"按钮，出现"平面"属性管理器，激活"边界实体"列表框，选中"曲面-拉伸 1"的所有边线，设置如图 7-26 所示。单击"确定"按钮，完成基准面创建，如图 7-27 所示。此时在 FeatureManager 设计树中显示已完成的"曲面-基准面 1"的名称。

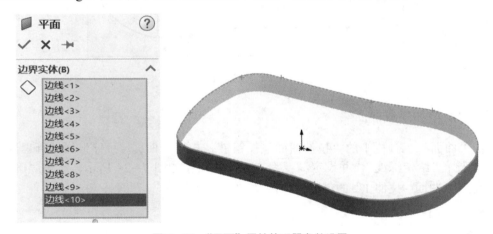

图 7-26 "平面"属性管理器参数设置

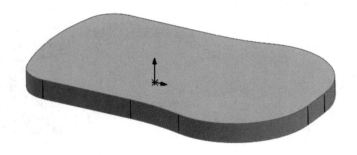

图 7-27 曲面-基准面 1

步骤二：绘制手托曲面

一、草图绘制

在 FeatureManager 设计树中选择"曲面–基准面 1"，在弹出的关联菜单栏中单击"草图绘制"按钮 ，视图自动转正，进入草图绘制环境。单击"草图"工具栏中的"转换实体引用"按钮 ，选取如图 7–28（a）所示的切线弧和直线，作为"草图 2"的部分曲线。按照图 7–28（b）所示完成草图绘制后，单击图形区右上角的按钮 ，退出草图绘制环境。此时在 FeatureManager 设计树中显示已完成的"草图 2"的名称。

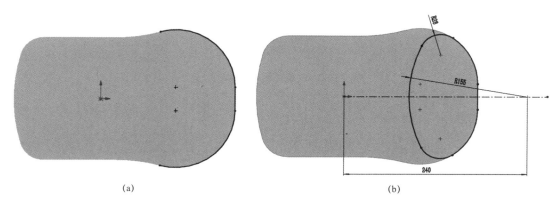

(a)   (b)

图 7–28　绘制草图 2

二、曲面拉伸生成曲面

单击"曲面"工具栏中的"拉伸曲面"按钮 ，出现"曲面–拉伸"属性管理器，"终止条件"选择"给定深度"，设定深度为 47 mm，拔模斜度为 4 度，设置如图 7–29 所示。单击"确定"按钮 ，完成曲面拉伸，如图 7–30 所示。此时在 FeatureManager 设计树中显示已完成的"曲面–拉伸 2"的名称。

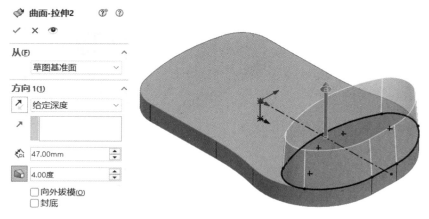

图 7–29　"曲面–拉伸"属性管理器设置

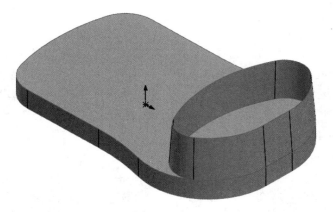

图 7-30　完成曲面-拉伸 2

三、修剪曲面

单击"曲面"工具栏中的"剪裁曲面"按钮 ，出现"剪裁曲面"属性管理器，设置如图 7-31 所示。单击"确定"按钮 ✓，完成曲面-剪裁 1，如图 7-32 所示。此时在 FeatureManager 设计树中显示已完成的"曲面-剪裁 1"的名称。

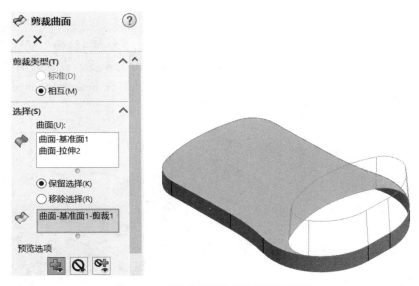

图 7-31　"剪裁曲面"属性管理器设置

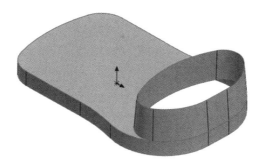

图 7-32　曲面-剪裁 1

四、平面区域生成基准面

单击"曲面"工具栏中的"平面区域"按钮 ，出现"平面"属性管理器，"边界实体"选中手托部分"曲面-拉伸 2"的所有边线，设置如图 7-33 所示。单击"确定"按钮 ，完成基准面创建，如图 7-34 所示。此时在 FeatureManager 设计树中显示已完成的"曲面-基准面 2"的名称。

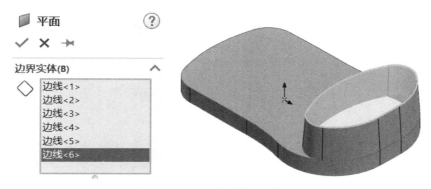

图 7-33　"平面"属性管理器设置

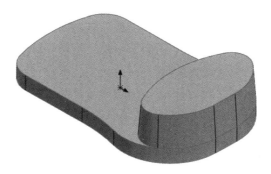

图 7-34　完成曲面-基准面 2 创建

步骤三：曲面圆角

一、缝合曲面

单击"曲面"工具栏中的"缝合曲面"按钮 📖，出现"缝合曲面"属性管理器，选中所有的曲面进行缝合，设置如图7-35所示。单击"确定"按钮 ✓，完成缝合，如图7-36所示。此时在FeatureManager设计树中显示已完成的"曲面-缝合1"的名称。

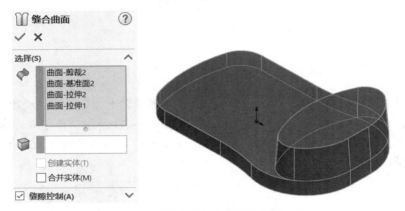

图7-35 "缝合曲面"属性管理器设置

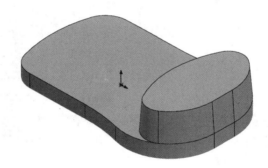

图7-36 曲面-缝合1

二、底座圆角

单击"曲面"工具栏中的"圆角"按钮 📄，出现"圆角"属性管理器，设置"圆角类型"为"面圆角" 🔲，"要圆角化的项目"分别选择"曲面-拉伸1"和"曲面-基准面1"，设定圆角半径为8 mm，设置如图7-37所示。单击"确定"按钮 ✓，完成底座圆角，如图7-38所示。此时在FeatureManager设计树中显示已完成的"圆角1"的名称。

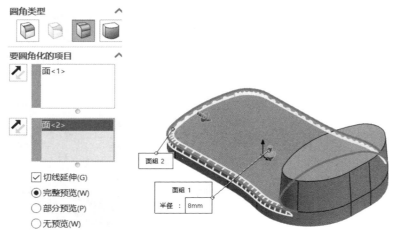

图 7-37 "圆角"属性管理器设置

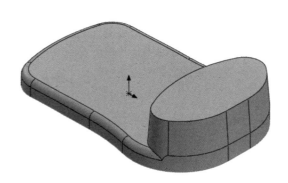

图 7-38 完成底坐圆角 1

三、手托圆角

单击"曲面"工具栏中的"圆角"按钮 ，出现"圆角"属性管理器，设置"圆角类型"为"固定大小圆角" ，"要圆角化的项目"分别选择边线<1>和边线<2>，勾选"多半径圆角"复选框后，依次设置边线<1>和边线<2>的圆角半径为 8 mm 和 13 mm，设置如图 7-39 所示。单击"确定"按钮 ，完成底座圆角，如图 7-40 所示。此时在 FeatureManager 设计树中显示已完成的"圆角 2"的名称。

步骤四：实体化

单击"曲面"工具栏中的"加厚"按钮 ，出现"加厚"属性管理器，"要加厚的曲面"选中所有曲面，设定厚度为 1 mm，设置如图 7-41 所示。单击"确定"按钮 ，完成曲面加厚。此时工业机器人示教器后盖的三维设计全部完成，如图 7-42 所示。

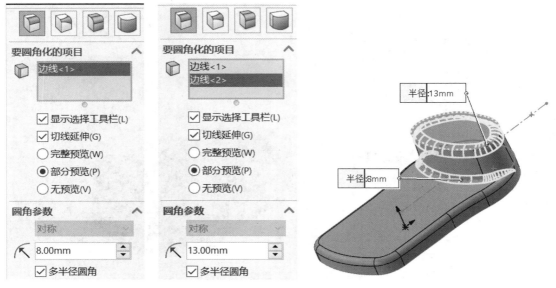

图 7-39 "圆角"属性管理器设置

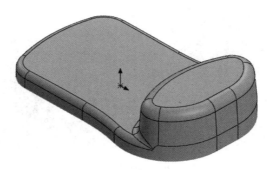

图 7-40 完成底坐圆角 2

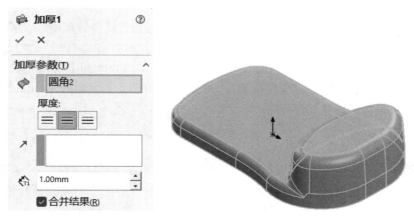

图 7-41 "加厚"属性管理器设置

图 7−42　工业机器人示教器后盖的三维设计

任务拓展

工业机器人示教器前盖如图 7−43 所示。本任务要求完成该零件的三维数字化设计。

图 7−43　工业机器人示教器前盖

步骤一：绘制前部曲面

一、绘制前部草图

（1）建立新文件。单击"新建"按钮□，在弹出的"新建 SOLIDWORKS 文件"对话框中单击"零件"图标，单击"确定"按钮　确定　，进入零件设计工作环境。

（2）绘制草图。在 FeatureManager 设计树中选择"前视基准面"作为草图绘制平面，绘制"草图 1"，如图 7−44 所示。

二、拉伸草图曲面

（1）选择 FeatureManager 设计树中的"草图 1"，单击"曲面"工具栏中的"拉伸曲面"按钮✐，出现"曲面−拉伸"属性管理器，"终止条件"选择"给定深度"，并设定深度为 35 mm，单击"确定"按钮✓，完成"曲面−拉伸 1"的创建，如图 7−45 所示。

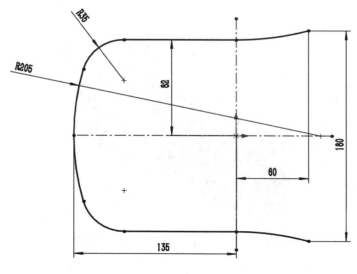

图 7-44 草图 1

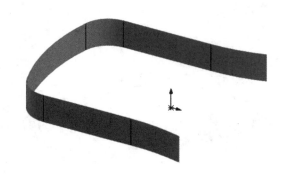

图 7-45 完成曲面-拉伸 1 创建

（2）在 FeatureManager 设计树中选择"前视基准面"图标，在弹出的关联菜单栏中选择"草图绘制"按钮，绘制如图 7-46 所示的草图。绘制完成后，单击图形区右上角的按钮，退出草图绘制环境。此时在 FeatureManager 设计树中显示已完成的"草图 2"的名称。

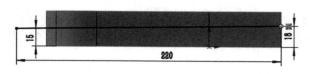

图 7-46 草图 2

（3）选择 FeatureManager 设计树中"草图 2"，单击"曲面"工具栏中的"拉伸曲面"按钮，出现"曲面-拉伸"属性管理器，"终止条件"选择"给定深度"，并设定深度为130 mm。单击"确定"按钮，完成"曲面-拉伸 2"的创建，如图 7-47 所示。

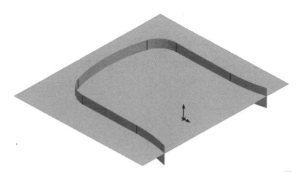

图 7-47　完成曲面-拉伸 2 创建

三、修剪及倒圆角

（1）选择 FeatureManager 设计树中的"曲面-拉伸 2"，单击"曲面"工具栏中的"剪裁曲面"按钮🕭，出现"剪裁曲面"属性管理器，"剪裁类型"选择"相互"，设置如图 7-48 所示。单击"确定"按钮✔，完成剪裁创建，如图 7-49 所示。此时在 FeatureManager 设计树中显示已完成的"曲面-剪裁 1"的名称。

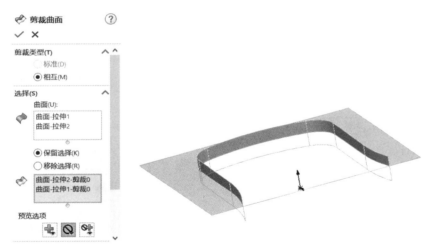

图 7-48　"剪裁曲面"属性管理器设置

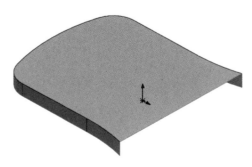

图 7-49　完成曲面-剪裁 1 创建

（2）选择 FeatureManager 设计树中的"曲面–剪裁 1"，单击"曲面"工具栏中的"圆角"按钮 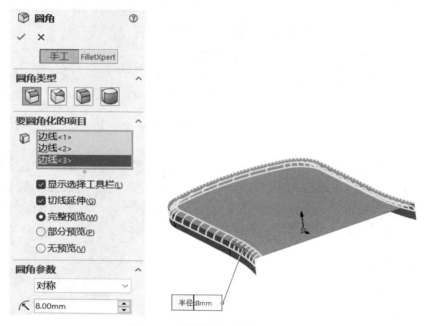，出现"圆角"属性管理器，设置如图 7–50 所示。单击"确定"按钮 ✓，完成底座圆角，如图 7–51 所示。此时在 FeatureManager 设计树中显示已完成的"圆角 1"的名称。

图 7–50 "圆角"属性管理器设置

图 7–51 完成底坐圆角 1

步骤二：绘制后部曲面

一、绘制及拉伸曲面

（1）在 FeatureManager 设计树中选择"上视基准面"图标，在弹出的关联菜单栏中选择"草图绘制"按钮，绘制如图 7–52 所示的草图。绘制完成后，单击图形区右上角的按钮，退出草图绘制环境。此时在 FeatureManager 设计树中显示已完成的"草图 3"的名称。

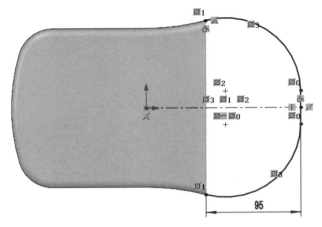

图 7-52　绘制草图 3

（2）选择 FeatureManager 设计树中的"草图 3"，单击"曲面"工具栏中的"拉伸曲面"按钮 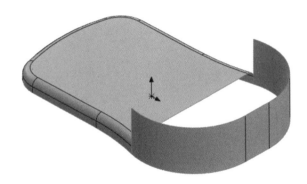，出现"曲面-拉伸"属性管理器，"终止条件"选择"给定深度"，并设定深度为 60 mm，单击"确定"按钮 ✓，完成"曲面-拉伸 3"的创建，如图 7-53 所示。此时在 FeatureManager 设计树中显示已完成的"曲面-拉伸 3"的名称。

图 7-53　完成曲面-拉伸 3 创建

（3）在 FeatureManager 设计树中选择"前视基准面"图标，在弹出的关联菜单栏中单击"草图绘制"按钮 ，绘制如图 7-54 所示的草图。绘制完成后，单击图形区右上角的按钮 ，退出草图绘制环境。此时在 FeatureManager 设计树中显示已完成的"草图 4"的名称。

图 7-54　绘制草图 4

（4）选择 FeatureManager 设计树中的"草图 4"，单击"曲面"工具栏中的"拉伸曲面"按钮 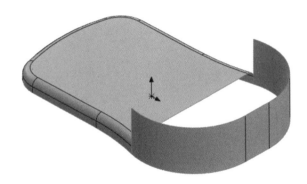，出现"曲面-拉伸"属性管理器，"终止条件"选择"给定深度"，并设定深度为

250 mm，单击"确定"按钮 ，完成"曲面-拉伸 4"的创建，如图 7-55 所示。此时在 FeatureManager 设计树中显示已完成的"曲面-拉伸 4"的名称。

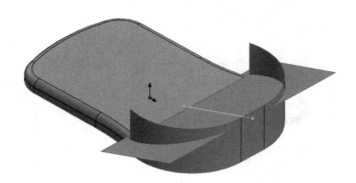

图 7-55　完成曲面-拉伸 4 创建

二、修剪及倒圆角

（1）选择 FeatureManager 设计树中的"曲面-拉伸 4"，单击"曲面"工具栏中的"剪裁曲面"按钮 ，出现"剪裁曲面"属性管理器，设置如图 7-56 所示。单击"确定"按钮 ，完成曲面-剪裁 3 创建，如图 7-57 所示。此时在 FeatureManager 设计树中显示已完成的"曲面-剪裁 3"的名称。

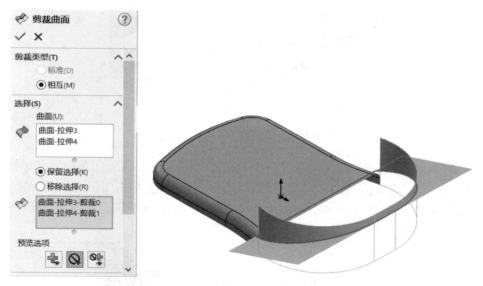

图 7-56　"剪裁曲面"属性管理器设置

（2）选择 FeatureManager 设计树中的"曲面-剪裁 3"，单击"曲面"工具栏中的"圆角"按钮 ，出现"圆角"属性管理器，设置"圆角类型"为"固定大小圆角" ，激活"要圆角化的项目"列表框，选中需要进行圆角的部分，并设定圆角半径为 8 mm，设置

如图 7-58 所示。单击"确定"按钮 ✓，完成底座圆角，如图 7-59 所示。此时在 FeatureManager
设计树中显示已完成的"圆角 2"的名称。

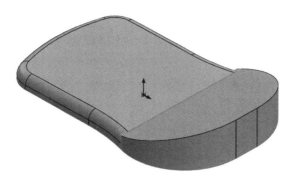

图 7-57　完成曲面-剪裁 3 创建

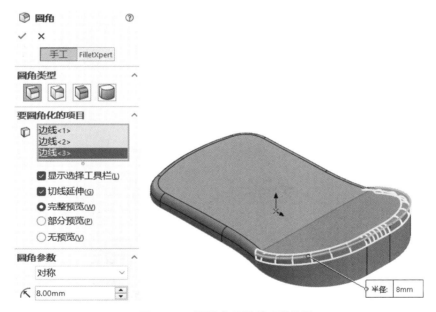

图 7-58　"圆角"属性管理器设置

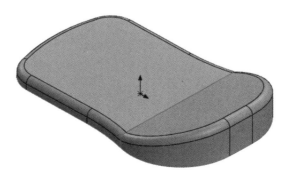

图 7-59　完成底坐圆角 2

（3）选择 FeatureManager 设计树中的"圆角 2"，单击"曲面"工具栏中的"剪裁曲面"按钮 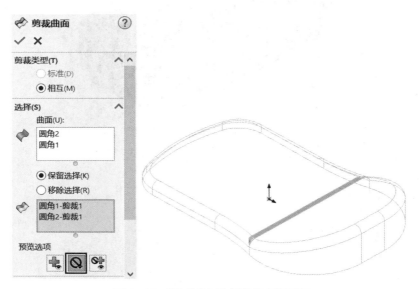，出现"剪裁曲面"属性管理器，设置如图 7-60 所示。单击"确定"按钮 ，完成剪裁，如图 7-61 所示。此时在 FeatureManager 设计树中显示已完成的"曲面-剪裁 3"的名称。

图 7-60 "剪裁曲面"属性管理器设置

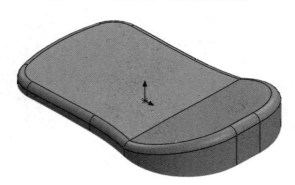

图 7-61 完成曲面-剪裁 3

步骤三：绘制放样曲面

一、绘制放样草图

选择 FeatureManager 设计树中的"曲面-剪裁 3"，单击"曲面"工具栏中的"参考几何体"按钮 ，在零件的最右侧插入与右视基准面平行的"基准面 1"，在"曲面-拉伸 2"和"曲面-拉伸 4"的交汇处插入与"右视基准面"平行的"基准面 2"，如图 7-62 所示。

图 7-62　基准面

在"基准面 1"上绘制如图 7-63 所示的"草图 5",在"基准面 2"上绘制如图 7-64 所示的"草图 6"。

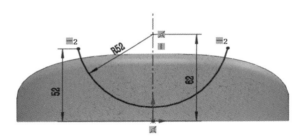

图 7-63　草图 5

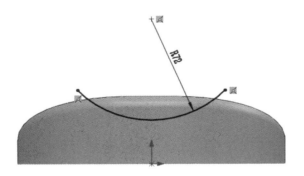

图 7-64　草图 6

二、放样曲面

单击"曲面"工具栏中的"放样曲面"按钮 ，在"轮廓"面板中选中"草图 5"和"草图 6",设置如图 7-65 所示。单击"确定"按钮 ✓ ，完成放样,如图 7-66 所示。

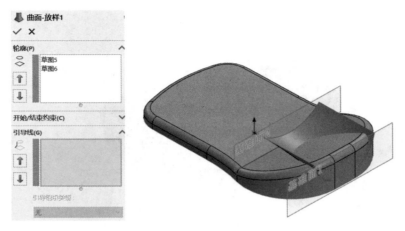

图 7-65 "曲面-放样"属性管理器设置

图 7-66 曲面-放样 1

三、修剪及倒圆角

（1）单击"曲面"工具栏中的"剪裁曲面"按钮 ⟨⟩，设置如图 7-67 所示。单击"确定"按钮 ✓，完成剪裁，如图 7-68 所示。

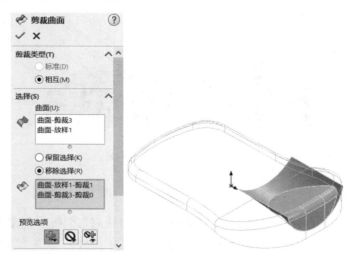

图 7-67 "剪裁曲面"属性管理器设置

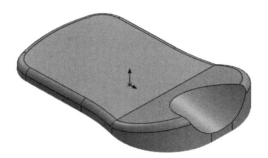

图 7-68　曲面-剪裁 4

（2）单击"曲面"工具栏中的"圆角"按钮 ，圆角类型选择"固定大小圆角" ，圆角半径设置为 5 mm，设置如图 7-69 所示。单击"确定"按钮 ，完成圆角，如图 7-70 所示。

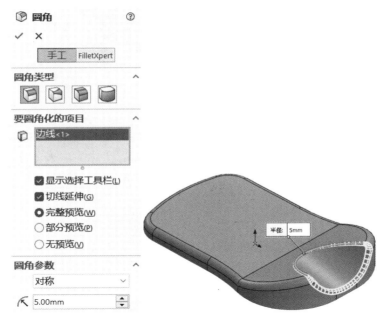

图 7-69　"圆角"属性管理器设置

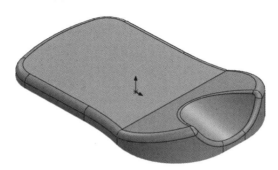

图 7-70　完成圆角 3

步骤四：绘制后部曲面孔

一、绘制曲面草图

在特征管理器设计树中选择"上视基准面"选项，单击草图工具栏中的"草图绘制"按钮 ⌐，进入草图绘制环境，绘制如图 7-71 所示的草图。

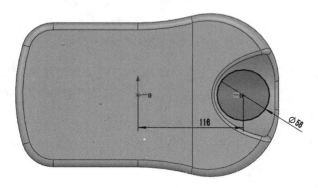

图 7-71　草图 7

二、拉伸草图曲面

单击"曲面"工具栏中的"拉伸曲面"按钮 ◈，设置"终止条件"为"给定深度"，"方向 1"的拉伸深度为 42 mm，"方向 2"的拉伸深度为 12 mm，拔模斜度为 4 度，设置如图 7-72 所示。单击"确定"按钮 ✓，完成拉伸，如图 7-73 所示。

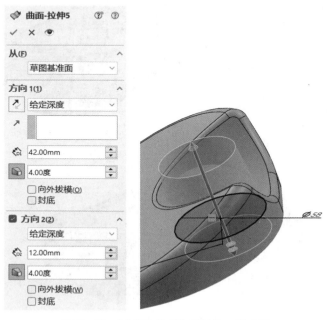

图 7-72　"曲面-拉伸"属性管理器设置

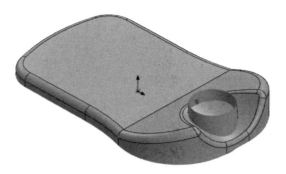

图 7-73　完成曲面-拉伸5创建

三、修剪及倒圆角

（1）单击"曲面"工具栏中的"剪裁曲面"按钮 ✏，"剪裁曲面"属性管理器设置如图 7-74 所示。剪裁结果如图 7-75 所示。

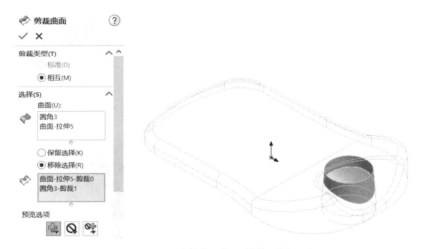

图 7-74　"剪裁曲面"属性管理器设置

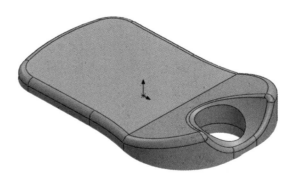

图 7-75　曲面-剪裁5

（2）单击"曲面"工具栏中的"圆角"按钮![按钮]，圆角类型选择"固定大小圆角"![按钮]，圆角半径为 3 mm，"圆角"属性管理器设置如图 7-76 所示。单击"确定"按钮![按钮]，完成"圆角 4"，如图 7-77 所示。

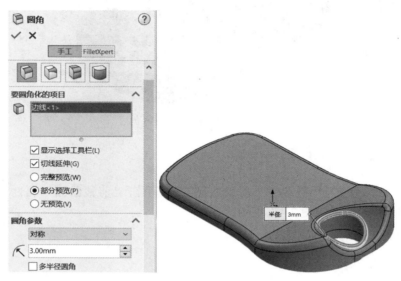

图 7-76 "圆角"属性管理器设置

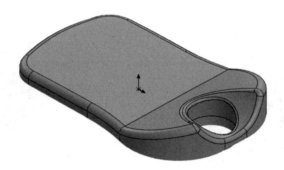

图 7-77 完成圆角 4

（3）单击"曲面"工具栏中的"平面区域"按钮![按钮]，对 $\phi 56$ mm 圆曲面封底并缝合。单击"曲面"工具栏中的"圆角"按钮![按钮]，圆角类型选择"固定大小圆角"![按钮]，圆角半径为 3 mm，"平面"属性管理器设置如图 7-78 所示。单击"确定"按钮![按钮]，完成圆角。

步骤五：填充曲面

一、绘制分割线

在前视基准面中绘制如图 7-79 所示的草图，单击"曲面"工具栏中的"分割线"按钮，对圆角曲面进行分割，"分割线"属性管理器设置如图 7-80 所示。

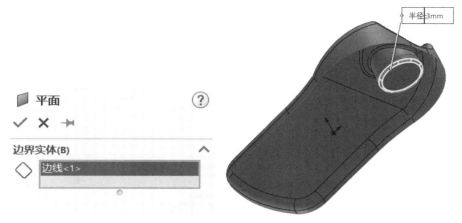

图 7-78 "平面"属性管理器设置

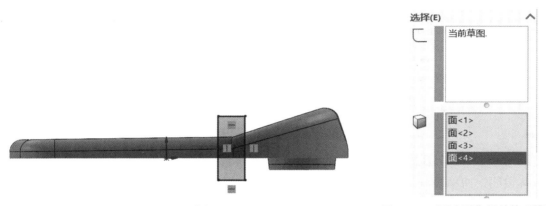

图 7-79 草图 8

图 7-80 "分割线"属性管理器设置

二、删除面

单击"曲面"工具栏中的"删除面"按钮,"删除面"属性管理器设置如图 7-81 所示。将圆角曲面分割的部分删除,如图 7-82 所示。

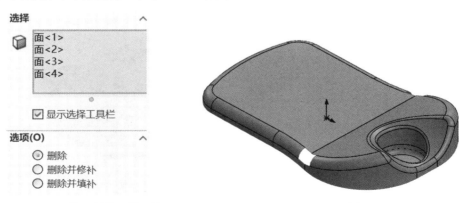

图 7-81 "删除面"属性管理器设置

图 7-82 删除面

三、填充曲面

单击"曲面"工具栏中的"圆角"按钮 <img_1 icon/>，圆角类型选择"固定大小圆角" <img_1 icon/>，圆角半径为 8 mm，"圆角"属性管理器参数设置如图 7-83 所示。单击"确定"按钮 ✓，完成圆角。

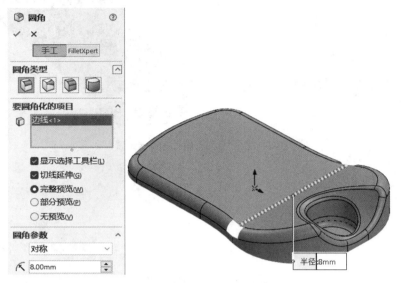

图 7-83 "圆角"属性管理器参数设置

单击"曲面"工具栏中的"填充曲面"按钮 <img icon/>，在"修补边界"面板中选择"删除面"处所有边线，曲率控制选择"相切"，同时选中"修复边界"和"合并结果"复选框，"填充曲面"属性管理器设置如图 7-84 所示。单击"确定"按钮 ✓，完成曲面填充，如图 7-85 所示。

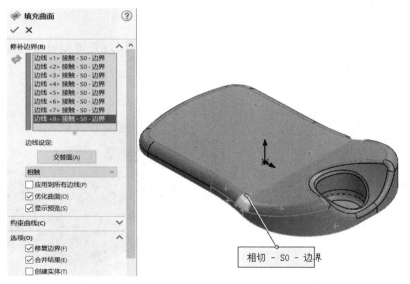

图 7-84 "填充曲面"属性管理器设置

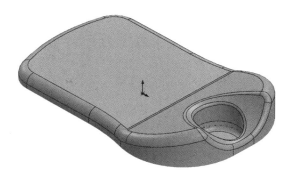

图 7-85　完成曲面填充

单击"曲面"工具栏中的"加厚"按钮 ，出现"加厚"属性管理器，激活"要加厚的曲面"列表框，选中所有曲面，设定厚度为 1 mm，设置如图 7-86 所示。单击"确定"按钮 ，完成曲面加厚，如图 7-87 所示。此时在 FeatureManager 设计树中显示已完成的"加厚 1"的名称。

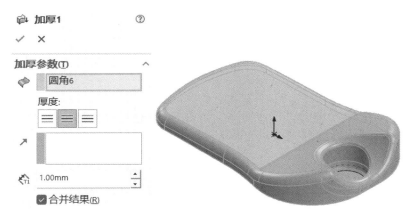

图 7-86　"加厚"属性管理器设置

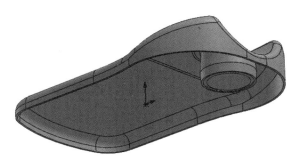

图 7-87　完成曲面加厚

步骤六：绘制前部曲面方孔

一、绘制曲面草图

在 FeatureManager 设计树中选择"上视基准面"作为草图绘制平面，绘制"草图 11"，如图 7-88 所示。

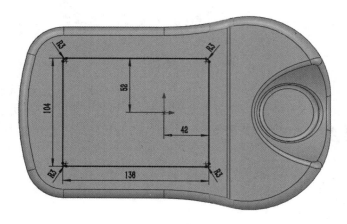

图 7-88　绘制草图 11

二、拉伸切除

单击"曲面"工具栏中的"拉伸切除"按钮，使用"拉伸切除"命令进行切除，此时示教器前盖的三维设计全部完成，如图 7-89 所示。

图 7-89　完成示教器前盖三维设计

任务评分表

评价项目	评价标准	参考分值	学生自评（15%）	学生互评（15%）	教师评价（70%）
基准面/基准轴的选择或建立	基准面/基准轴的选择或建立合理、准确	15			
草图的绘制	草图原点选择合理，无多余线条，无多余尺寸；尺寸标注规范，符合图纸要求；草图完全定义	15			
特征的创建	无冗余特征；特征参数设置合理、准确	30			
曲面生成、修改以及控制命令的操作熟练度	能够使用曲面工具修改曲面模型的设计	25			
素质	主人翁意识、民族自豪感，国家智能制造政策、核心价值观的认同，达到或超越任务素质目标	15			
总评					

任务小结 NEWS

本任务通过工业机器人示教器模型设计，介绍了曲面的生成、修改以及控制方法。通过本任务，应能够根据图形创建任意曲面模型，根据需求完成模型设计。在进行本任务前，需要熟练掌握三维草图的绘制方法，它是生成曲面、曲面造型的基础。

练 习 题

1. 完成如图 7-90 所示的鼠标三维设计。

图 7-90　鼠标

2. 完成如图 7-91 所示的风扇扇叶三维设计。

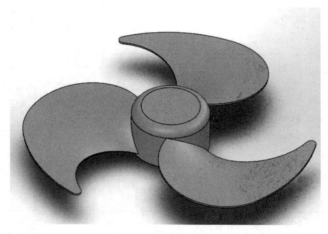

图 7-91　风扇扇叶

任务八　铣刀头座体设计

任务描述

技能目标：

具有使用多实体造型技术设计复杂零件的能力。

熟练掌握使用各种特征进行参数化设计的技能。

知识目标：

掌握草图工具。

掌握多实体造型、组合实体。

素质目标：

通过本任务对复杂图形的分析与设计，培养学生严谨细致、脚踏实地、勇于创新的品质。

勇于创新、
担当责任

任务引入

铣刀头座体如图 8-1 所示。本任务要求完成该零件的三维设计。

铣刀头座体设计
操作视频

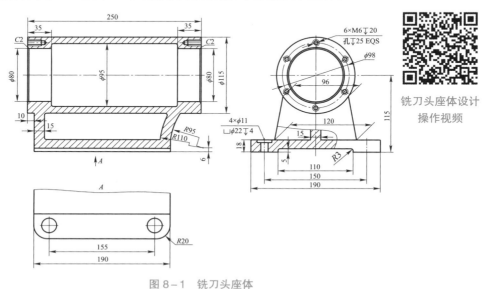

图 8-1　铣刀头座体

任务分解如图 8–2 所示。

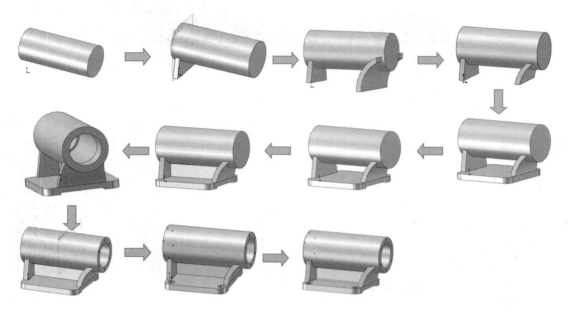

图 8–2　铣刀头座体任务分解

相关知识

一、组合实体

SOLIDWORKS 可将多个实体结合生成一个单一实体零件或另一个多实体零件。有三种方法可组合多个实体。

1. 组合属性

其命令执行方式：

单击菜单栏"插入"→"特征"→"组合"

执行命令后，出现"组合"属性管理器，如图 8–3 所示。

1）"操作类型"面板

添加：将所有所选实体相结合，生成单一实体。

共同：移除除了重叠以外的所有材料。

删减：将重叠的材料从所选主实体中移除。

2）"要组合的实体"面板

指定要组合的特征。

图 8–3　"组合"属性管理器

2. 操作类型

打开实例源文件"组合实例"，如图 8–4 所示。单击菜单栏"插入"→"特征"→"组合"，出现"组合"属性管理器。

1）使用"添加"操作类型

在"操作类型"下，选择"添加"选项，激活"组合的实体"列表框，在图形区中选择实体，或从 FeatureManager 设计树中选择实体，设置如图 8-5（a）所示。单击"确定"按钮 ✓，将所选实体结合生成单一实体，如图 8-5（b）所示。

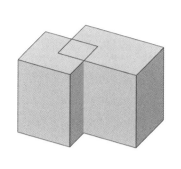

图 8-4　组合实例

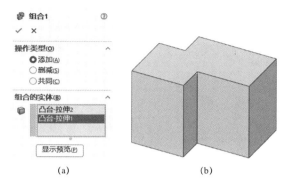

（a）　　　　　　　　　　（b）

图 8-5　使用"添加"操作类型

（a）"组合"属性管理器；（b）生成"添加"组合

2）使用"共同"操作类型

在"操作类型"下，选择"共同"选项，激活"组合的实体"列表框，在图形区中选择实体，或从 FeatureManager 设计树中选择实体，设置如图 8-6（a）所示。单击"确定"按钮 ✓，移除除了重叠以外的所有材料，如图 8-6（b）所示。

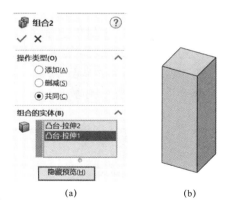

（a）　　　　　　　　　　（b）

图 8-6　使用"共同"操作类型

（a）"共同"属性管理器；（b）生成"共同"组合

3）使用"删减"操作类型

在"操作类型"下，选择"删减"选项，激活"主要实体"列表框，在图形区中选择要保留的实体，或从 FeatureManager 设计树中选择实体，激活"减除的实体"列表框，选择要移除的实体，设置如图 8-7（a）所示。单击"确定"按钮 ✓，将重叠的材料从所选主实体中移除，如图 8-7（b）所示。

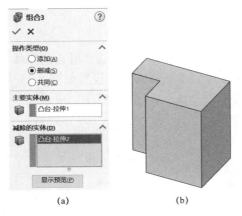

(a)   (b)

图 8-7 使用"删减"操作类型

（a）"删减"属性管理器；（b）生成"删减"组合

二、筋特征

筋特征是零件上增加强度的部分，在 SOLIDWOKS 中，筋实际上是由开环的草图轮廓生成的特殊类型的拉伸特征，其在草图轮廓与现有零件之间添加指定方向和厚度的材料。

其命令执行方式有两种：

单击"特征"工具栏中的"筋"按钮 🖉。

单击菜单栏"插入"→"特征"→"筋"。

执行命令后，出现"筋"属性管理器，如图 8-8 所示。

厚度：添加厚度到所选草图边上。

▤（第一边）：只添加材料到草图的一边，如图 8-9（a）所示。

▤（两边）：均等添加材料到草图的两边，如图 8-9（b）所示。

▤（第二边）：只添加材料到草图的另一边，如图 8-9（c）所示。

🖉（筋厚度）：设置筋的厚度。

图 8-8 "筋"属性管理器

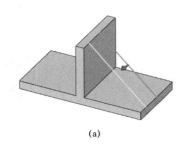
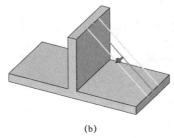

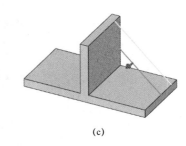

(a)   (b)   (c)

图 8-9 厚度设置

（a）第一边；（b）两边；（c）第二边

拉伸方向：设置筋的拉伸方向。

◇（平行于草图）：平行于草图生成筋拉伸，如图 8-10（a）所示。

◇（垂直于草图）：垂直于草图生成筋拉伸，如图 8-10（b）所示。

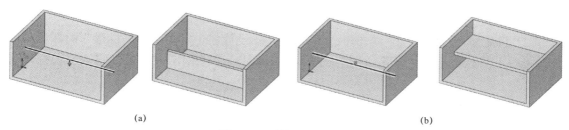

图 8-10　筋拉伸方向设置

（a）平行于草图；（b）垂直于草图

反转材料方向：用于更改拉伸的方向。

（拔模打开/关闭）：添加拔模到筋，需要设定拔模角度来指定拔模度数，如图 8-11 所示。

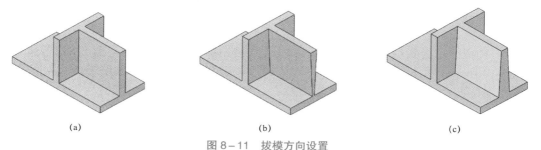

图 8-11　拔模方向设置

（a）未使用拔模；（b）取消选中"向外拔模"复选框；（c）选中"拔模向外"复选框

在草图基准面处、在壁接口处：使用拔模时，该选项用于控制生成的肋板所设壁厚的位置是在草图基准面处还是在壁接口处，如图 8-12 所示。

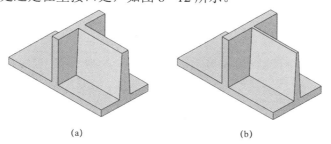

图 8-12　拔模位置设置

（a）在草图基准面处；（b）在壁接口处

任务实施

步骤一：生成上部的圆柱体

一、进入草图绘制环境

（1）建立新文件。单击"新建"按钮，在弹出的"新建 SOLIDWORKS 文件"对话框中单击"零件"图标，单击"确定"按钮 确定，进入零件设计工作环境。

（2）确定草图绘制平面。单击 FeatureManager 设计树中的"前视基准面"图标，在弹出的关联工具栏中单击"草图绘制"按钮，视图自动转正，在"前视基准面"上打开一张草图。

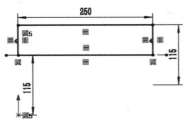

图 8-13　绘制草图 1

二、绘制草图

绘制"草图 1"（原点与草图左侧两端点的几何关系是"竖直"），如图 8-13 所示。

三、退出草图绘制模式

单击图形区右上角的按钮，退出草图模式。

四、旋转生成上部圆柱体

单击"特征"工具栏中的"旋转凸台/基体"按钮，出现"旋转"属性管理器，设置如图 8-14 所示。单击"确定"按钮，生成上部圆柱体，如图 8-15 所示。

图 8-14　"旋转"属性管理器设置

图 8-15　生成上部圆柱体

步骤二：生成左侧肋板

一、草图绘制

（1）创建基准面。单击"参考几何体"工具栏中的"基准面"按钮，出现"基准面"属性管理器，设置如图 8-16 所示。单击"确定"按钮，创建"基准面 1"，如图 8-17 所示。

（2）选取"基准面 1"绘制草图。单击 FeatureManager 设计树中的"基准面 1"图标，在弹出的关联工具栏中选择"草图绘制"按钮，并单击"前导视图"工具栏中的"正视于"按钮，将视图转正。绘制"草图 2"，如图 8-18 所示。

二、退出草图绘制模式

单击图形区右上角的按钮，退出草图模式。

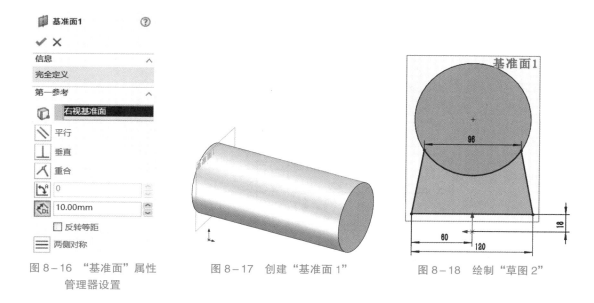

图 8-16 "基准面"属性
管理器设置

图 8-17 创建"基准面 1"

图 8-18 绘制"草图 2"

三、拉伸生左侧成肋板

选择 FeatureManager 设计树中的"草图 2"，单击"特征"工具栏中的"拉伸凸台/基体"按钮 ，出现"凸台-拉伸"属性管理器，设置如图 8-19 所示。单击"确定"按钮 ，生成左侧肋板，如图 8-20 所示。

图 8-19 "凸台-拉伸"属性管理器设置

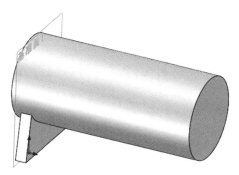

图 8-20 生成左侧肋板

步骤三：使用组合命令生成座体右侧肋板

一、绘制草图

（1）确定草图绘制平面。单击 FeatureManager 设计树中"前视基准面"图标，在弹出的关联工具栏中单击"草图绘制"按钮 ，单击"前导视图"工具栏中的"正视于"按钮 ，将视图转正。

（2）绘制"草图3"，如图8-21所示。

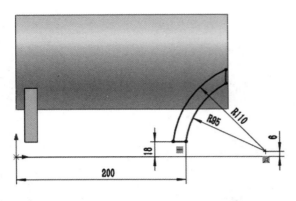

图8-21 绘制"草图3"

二、退出草图绘制模式

单击图形区右上角的按钮 ⤶，退出草图模式。

三、拉伸生成组合体1

选择 FeatureManager 设计树中的"草图3"，单击"特征"工具栏中的"拉伸凸台/基体"按钮 ，出现"凸台-拉伸"属性管理器，取消勾选"合并结果"，设置如图8-22所示，单击"确定"按钮 ✓，生成组合体1，如图8-23所示。

图8-22 "凸台-拉伸"属性管理器设置

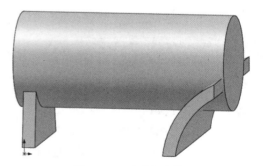

图8-23 生成组合体1

四、绘制草图

（1）确定草图绘制平面。单击圆柱体的前端面，在弹出的关联工具栏中选择"草图绘制"按钮 ，单击"前导视图"工具栏中的"正视于"按钮 ，将视图转正。

（2）转换实体引用。选择"草图2"的外边线，单击"转换实体引用"按钮 ，完成实体转换。

（3）绘制"草图4"，如图8-24所示。

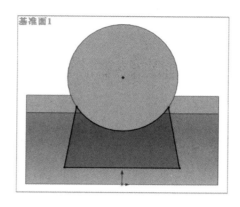

图8-24　绘制"草图4"

五、退出草图绘制模式

单击图形区右上角的按钮，退出草图模式。

六、拉伸生成组合体2

选择FeatureManager设计树中的"草图4"，单击"特征"工具栏中的"拉伸凸台/基体"按钮，出现"凸台-拉伸"属性管理器，取消勾选"合并结果"，设置如图8-25所示，单击"确定"按钮，生成组合体2，如图8-26所示。

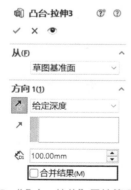

图8-25　"凸台-拉伸"属性管理器设置

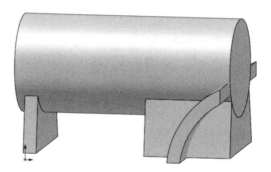

图8-26　生成组合体2

七、组合生成右侧肋板

单击菜单栏中的"插入"→"特征"→"组合"，出现"组合"属性管理器，在"操作类型"选项中，单击"共同"选项●共同(C)，激活"组合的实体"列表框，选择"凸台-拉伸2""凸台-拉伸3"，设置如图8-27所示。单击"确定"按钮，生成右侧肋板，如图8-28所示。

图 8-27 "组合"属性管理器设置

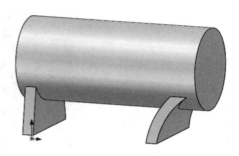

图 8-28 生成右侧肋板

步骤四：组合多实体

单击菜单栏中的"插入"→"特征"→"组合"，出现"组合"属性管理器，在"操作类型"选项中，单击"添加"选项 ⊙ 添加(A)，激活"组合的实体"列表框，选择"凸台-拉伸 1""组合 1"，设置如图 8-29 所示，单击"确定"按钮 ✓，生成组合实体，如图 8-30 所示。

图 8-29 "组合"属性管理器设置

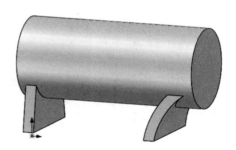

图 8-30 生成组合实体

步骤五：生成座体的底板

一、绘制草图

（1）确定草图绘制平面。单击 FeatureManager 设计树中的"前视基准面"图标，在弹出的关联工具栏中单击"草图绘制"按钮 🖉，单击"前导视图"工具栏中的"正视于"按钮 ↧，将视图转正。

（2）绘制"草图 5"，如图 8-31 所示。

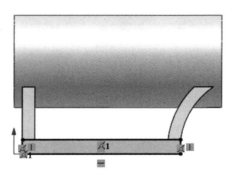

图 8-31　绘制"草图 5"

二、退出草图绘制模式

单击图形区右上角的按钮 ⤵，退出草图模式。

三、拉伸底座基本体

选择 FeatureManager 设计树中的"草图 5"，单击"特征"工具栏中的"凸台-拉伸"按钮 ，出现"凸台-拉伸"属性管理器，设置如图 8-32 所示。单击"确定"按钮 ✓，生成底座基本体，如图 8-33 所示。

图 8-32　"凸台-拉伸"属性管理器设置

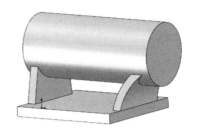

图 8-33　生成底座基本体

四、生成底板圆角

单击"特征"工具栏中的"圆角"按钮 ，出现"圆角"属性管理器，选取底板的四条侧棱，设置如图 8-34 所示。单击"确定"按钮 ✓，生成底板圆角，如图 8-35 所示。

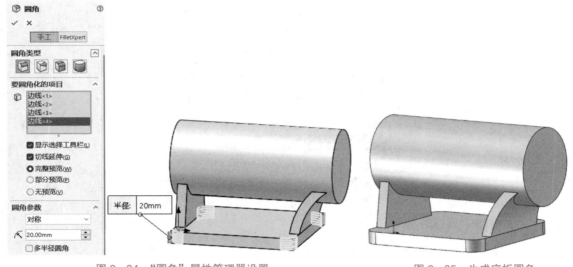

图 8-34 "圆角"属性管理器设置　　　　　　　图 8-35 生成底板圆角

五、绘制草图

（1）确定草图绘制平面。单击 FeatureManager 设计树中的"右视基准面"图标，在弹出的关联工具栏中单击"草图绘制"按钮，单击"前导视图"工具栏中的"正视于"按钮，将视图转正。

（2）绘制"草图6"，如图 8-36 所示。

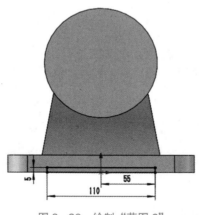

图 8-36 绘制"草图6"

六、退出草图绘制模式

单击图形区右上角的按钮，退出草图模式。

七、拉伸切除生成底板凹槽

选择 FeatureManager 设计树中的"草图 6"，单击"特征"工具栏中的"拉伸切除"按钮 ，出现"切除－拉伸"属性管理器，设置如图 8-37 所示。单击"确定"按钮 ✓，生成底板凹槽，如图 8-38 所示。

图 8-37 "切除－拉伸"属性管理器设置

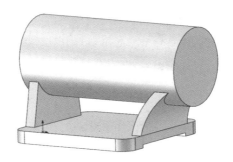

图 8-38 生成底板凹槽

步骤六：生成筋特征

一、绘制草图

（1）确定草图绘制平面。单击 FeatureManager 设计树中的"前视基准面"图标，在弹出的关联工具栏中单击"草图绘制"按钮，单击"前导视图"工具栏中的"正视于"按钮，将视图转正。

（2）绘制"草图 7"，如图 8-39 所示。

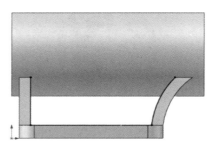

图 8-39 绘制"草图 7"

二、退出草图绘制模式

单击图形区右上角的按钮 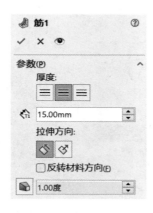，退出草图模式。

三、创建筋

选择 FeatureManager 设计树中的"草图 7"，单击"特征"工具栏中的"筋"按钮，出现"筋"属性管理器，设置如图 8-40 所示。单击"确定"按钮 ✓，生成筋特征，如图 8-41 所示。

图 8-40 "筋"属性管理器设置

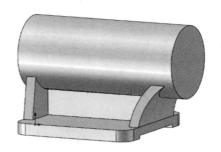

图 8-41 生成筋特征

步骤七：圆柱体中间圆孔的生成

一、绘制草图

（1）确定草图绘制平面。单击底座圆柱右端面，在弹出的关联工具栏中单击"草图绘制"按钮，单击"前导视图"工具栏中的"正视于"按钮，将视图转正。
（2）绘制圆。绘制 $\phi 80$ mm，与圆柱同心的"草图 8"，如图 8-42 所示。

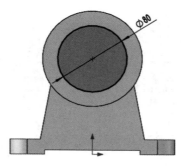

图 8-42 绘制"草图 8"

二、退出草图绘制模式

单击图形区右上角的按钮 ，退出草图模式。

三、拉伸切除生成孔 1

选择 FeatureManager 设计树中的"草图 8"，单击"特征"工具栏中的"拉伸切除"按钮 ⬛，出现"切除 – 拉伸"属性管理器，设置如图 8 – 43 所示。单击"确定"按钮 ✓，生成孔 1，如图 8 – 44 所示。

图 8 – 43　"切除 – 拉伸"属性管理器设置

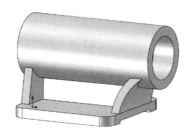

图 8 – 44　生成孔 1

四、拉伸切除生成孔 2

用生成孔 1 的方法在座体圆柱左端面绘制"草图 9"，生成孔 2。

五、绘制草图

（1）确定草图绘制平面。单击底座圆柱孔内右端面，在弹出的关联工具栏中单击"草图绘制"按钮 ⬛，单击"前导视图"工具栏中的"正视于"按钮 ⬛，将视图转正。

（2）绘制圆。绘制 $\phi95$ mm，与圆柱同心的"草图 10"，如图 8 – 45 所示。

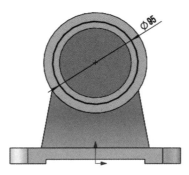

图 8 – 45　绘制"草图 10"

六、退出草图绘制模式

单击图形区右上角的按钮 ↳，退出草图模式。

七、拉伸切除生成孔 3

选择 FeatureManager 设计树中的"草图 10"，单击"特征"工具栏中的"拉伸切除"按钮，出现"切除−拉伸"属性管理器，设置如图 8−46 所示。单击"确定"按钮 ✓，生成孔 3，如图 8−47 所示。

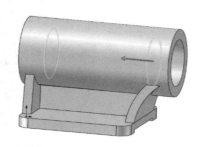

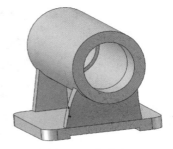

图 8−46　"切除−拉伸"属性管理器设置　　　　图 8−47　生成孔 3

步骤八：创建螺纹孔

一、绘制草图

选择圆柱面右端面为草绘平面，绘制 $\phi 98$ mm，与圆柱同心的"草图 11"，并将其设置成构造线，如图 8−48 所示。

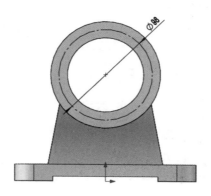

图 8−48　绘制"草图 11"

二、退出草图绘制模式

单击图形区右上角的按钮 ，退出草图模式。

三、生成螺纹孔

（1）单击"特征"工具栏的"异形孔导向"按钮，出现"孔规格"属性管理器，单击"类型"标签，选择"直螺纹孔"，设置如图8-49所示。

（2）完成异形孔的参数设置后，转换至"位置"标签，在座体右侧加工面上单击，确定孔放置的位置。单击"确定"按钮，完成M6单个螺纹孔的创建，如图8-50所示。

图8-49 "孔规格"属性管理器设置

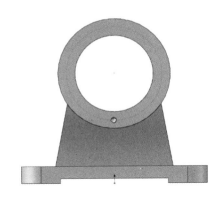

图8-50 生成M6单个螺纹孔

（3）单击"特征"工具栏中的"圆周阵列"按钮，出现"阵列（圆周）"属性管理器。激活"阵列轴"选择框，在图形区中单击选取圆柱体外圆表面，在"实例数"文本框中输入6，选中"等间距"，激活"特征和面"列表框，在FeatureManager设计树中选择"M6螺纹孔"，如图8-51所示。单击"确定"按钮，完成圆柱体前端面M6螺纹孔的创建，如图8-52所示。

（4）单击"参考几何体"工具栏中的"基准面"按钮，出现"基准面"属性管理器，"第一参考"选取座体圆柱右端表面，"第二参考"选取座体圆柱左端表面，设置如图8-53所示。单击"确定"按钮，完成"基准面"的创建，如图8-54所示。

图 8-51 "阵列（圆周）"属性管理器设置

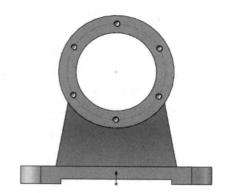

图 8-52 完成圆柱体前端面 M6 螺纹孔的创建

图 8-53 "基准面"属性管理器设置

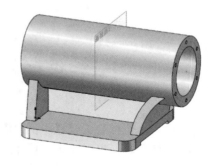

图 8-54 生成基准面 2

（5）单击"特征"工具栏中的"镜向"按钮 ，出现"镜向"属性管理器，选取"基准面 2"为"镜向面/基准面"，选取"阵列（圆周）1"为"要镜向的特征"，设置如图 8-55 所示。单击"确定"按钮 ，生成另一侧的 M6 螺纹孔，如图 8-56 所示。

图 8-55 "镜向"属性管理器设置

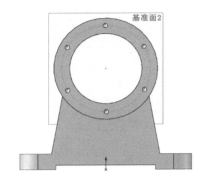

图 8-56 生成左端面镜向螺纹孔

步骤九：底板上沉孔的生成

一、绘制草图

（1）确定草图绘制平面。选取底板上表面，在弹出的关联工具栏中单击"草图绘制"按钮🗲，单击"前导视图"工具栏中的"正视于"按钮⬆，将视图转正。

（2）绘制"草图 14"，如图 8-57 所示。

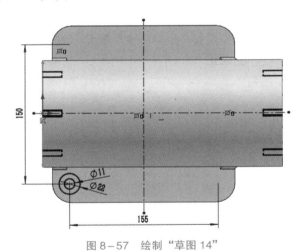

图 8-57 绘制"草图 14"

二、退出草图绘制模式

单击图形区右上角的按钮⤴，退出草图模式。

三、拉伸切除生成孔 4

选择 FeatureManager 设计树中的"草图 14"，单击"特征"工具栏中的"拉伸切除"按钮🗐，出现"切除-拉伸"属性管理器，激活"所选轮廓"列表框，单击图形区 $\phi11$ mm 的小圆，在"终止条件"下拉列表框中选择"完全贯穿"选项，设置如图 8-58 所示。单击"确定"按钮 ✓ ，生成孔，如图 8−59 所示。

图 8−58　"切除−拉伸"属性管理器设置

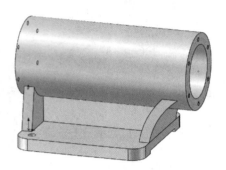

图 8−59　生成孔 4

四、拉伸切除生成孔 5

选择 FeatureManager 设计树中的"草图 14"，单击"特征"工具栏中的"拉伸切除"按钮 ⬜，出现"切除−拉伸"属性管理器，激活"所选轮廓"列表框，单击图形区 ϕ 22 mm 的大圆，在"终止条件"下拉列表框中选择"给定深度"选项，"深度"为 4 mm，设置如图 8−60 所示。单击"确定"按钮 ✓ ，生成孔，如图 8−61 所示。

图 8−60　"切除−拉伸"属性管理器设置

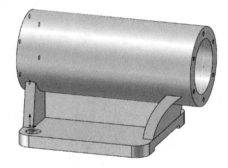

图 8−61　生成孔 5

单击"特征"工具栏中的"线性阵列"按钮 ⬚，出现"阵列（线性）"属性管理器。激活"特征和面"列表框，选择"切除−拉伸 5""切除−拉伸 6"，设置如图 8−62 所示。单击

"确定"按钮 ✓，完成沉头孔创建，如图 8-63 所示。

图 8-62 "阵列（线性）"属性管理器设置

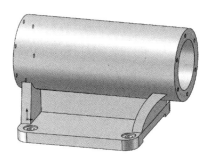

图 8-63 生成沉头孔

步骤十：创建圆角

单击"特征"工具栏中的"圆角"按钮 ⬡，出现"圆角"属性管理器，选取如图 8-64 所示边线，完成 R3 圆角特征的创建。

在 FeatureManager 设计树中选择"前视基准面"，单击前导视图工具栏中的"剖面视图"，单击"确定"按钮 ✓，生成剖面视图，如图 8-65 所示。

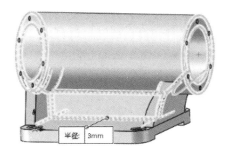

图 8-64 剖面圆角边线选取

单击"特征"工具栏中的"圆角"按钮 ⬡，出现"圆角"属性管理器，选取边线，如图 8-66 所示，完成 R3 圆角特征的创建，生成铣刀头座体，如图 8-67 所示。

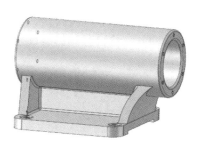

图 8-65 生成剖面视图　　　图 8-66 圆角边线选取　　　图 8-67 铣刀头座体

 任务评价

任务评分表

评价项目	评价标准	参考分值	学生自评（15%）	学生互评（15%）	教师评价（70%）
基准面/基准轴的选择或建立	基准面/基准轴的选择或建立合理、准确	15			
草图的绘制	草图原点选择合理，无多余线条，无多余尺寸；尺寸标注规范，符合图纸要求；草图完全定义	40			
特征的创建	无冗余特征的特征参数设置合理、准确	20			
操作熟练度	步骤操作熟练、高效	10			
素质	严谨细致、脚踏实地、勇于创新，达到或超越任务素质目标	15			
总评					

 任务小结

本任务主要介绍了筋特征基本操作以及组合实体的相关知识点。通过本任务学习，综合运用各个模块命令，熟练使用多实体造型技术完成复杂零件的创建。只有灵活运用 SOLIDWORKS 软件，将各个模块命令融会贯通，才能不断提升技能，在今后的实际工作中提高效率。

练 习 题

完成如图 8-68 所示防护网的三维设计。

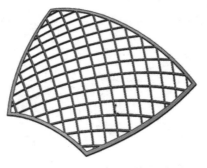

防盗网设计
操作视频

图 8-68　防护网

任务九 机器人装配体设计

任务描述

技能目标：

能够在装配体中插入零件，设置零件之间的配合关系。

具有调用标准件或在装配环境中设计新零件进行装配的能力。

具有为装配体生成爆炸图、爆炸动画的能力。

知识目标：

掌握装配配合类型及零件的装配步骤。

掌握装配体的爆炸动画操作步骤。

精密装配、
不断创新

素质目标：

结合实际案例，培养学生勤奋好学、刻苦钻研的精神，理解职业素养在工作中的作用和意义，提高解决实际问题的能力。同时，教会学生学习的技能和方法，掌握自主学习的途径和技巧。

 任务引入

工业机器人装配体如图 9-1 所示，本任务要求根据任务提供的工业机器人零件按照指定要求完成虚拟装配及装配体的爆炸视图。

装配操作视频　　爆炸图操作视频

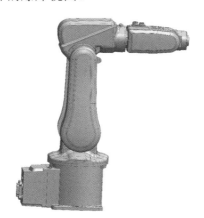

图 9-1　工业机器人装配体

装配步骤分解图如图 9-2 所示，按照物理位置从下向上顺序进行装配。

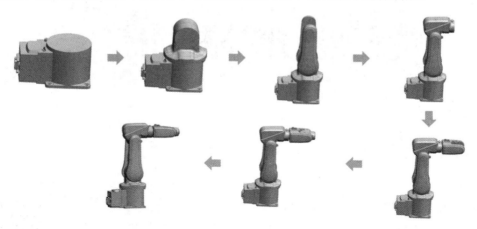

图 9-2　任务分解

相关知识

一、新建装配体文件

新建装配体文件有三种执行方式：

（1）第一次打开 SOLIDWORKS 软件时，在"欢迎－SOLIDWORKS"对话框中，单击"装配体"，如图 9-3 所示。

图 9-3　"欢迎－SOLIDWORKS"对话框

（2）单击菜单栏中的"新建"按钮 ，在"新建 SOLIDWORKS 文件"对话框中，选择"装配体"，单击"高级"按钮，选择"gb_assembly"图标，单击"确定"按钮，如图 9-4 所示。

（3）通过打开的零件或者装配体创建。依次单击菜单栏中的"文件"→"从零件/装配体制作工程图" 从零件/装配体制作工程图 。

二、FeatureManager 设计树及符号

在装配体的 FeatureManager 设计树中，符号和零件有较大更改，并且有些功能是装配体中独有的。

图 9-4　新建文件"装配体"

1. 自由度

插入装配体中的零件，在配合或者固定之前有六个自由度，分别是沿 *X*、*Y*、*Z* 轴的移动和沿这三个轴的旋转。零件在装配体中的位置及如何运动是由自由度定义的空间决定的。右击 FeatureManager 设计树中的零件，再单击"固定/浮动"或者"配合"就可以显示零件的自由度。

2. 零件

装配体中的零件使用与零件环境中同样的顶层图标，如图 9-5 所示。也可以插入装配体，在插入的装配体文档名称之前显示装配体图标 。

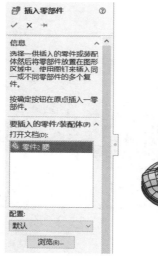

图 9-5　装配体中的零件

在装配体 FeatureManager 设计树中，表示零件状态的符号有固定、欠定义、完全定义、过定义。

固定 ：零件名称前面的"固定"符号表示此零件固定在当前位置，不是依靠配合关系约束的。

欠定义 ：零件名称前面的"欠定义"符号表示此零件仍然存在运动自由度。

完全定义 ：没有状态指示标志的零件，表明该零件通过配合关系在装配体中的位置是完全定义的。

过定义 ：如果零件的定位信息相互冲突，会发生过定义的提示。如果显示问号，表示这个零件没有解，所提供的信息不能使零件固定。

3. 外部参考的搜索顺序

当父文档打开时，所有被父文档引用的文档也被载入内存。打开装配体时，装配体中的所有零件根据其在装配体保存时各自的压缩状态被载入内存。

SOLIDWORKS 软件按照指定的路径搜索参考文档，路径可以是上次打开的文档路径，也可以是其他路径。当软件无法找到参考文档时，软件会弹出对话框提醒，让浏览找到该文档，或者不加载文档直接打开装配体。

当保存父文档时，在父文档中所有更新过的参考路径也都会被保存。

4. 文件名

为了避免错误的引用关系，文件名应该唯一。如果两个不同文件的名称相同，当父文档寻找这个零件时，会使用根据搜索顺序首先找到的那个文件。具体规则如下：

（1）打开并保存两个不同的文件，如果名称相同，当打开一个引用该名称零件的装配体时，系统默认使用第一个搜索位置的零件。

（2）在打开一个名称为 A 的零件，再打开一个名称也为 A 的零件时，系统会提示以下信息：正在打开的文档参考是与已打开的文档具有相同名称的文件。此时可以选择"无此文档而打开"装配体，系统会压缩该零件的所有实例，或者选择"接受此文件"替换相同零件打开装配体。

（3）零件重命名，单击"工具"→"选项"→"系统选项"→"FeatureManager"，勾选"允许通过 FeatureManager 设计树重命名零件文件"复选项，可以直接在 FeatureManager 设计树中对文件重命名。

5. 退回控制棒

退回控制棒的作用是，使装配体退回到之前的某一状态：装配体基准面、基准轴、草图；关联的零件特征；装配体特征；装配体阵列。退回控制棒操作后的任何特征都被压缩，单独的零件不能被退回。

6. 重新排序

装配体的特征可以与零件特征相同的方式进行重新排序。特征的重新排序使用拖放的方式，可以进行重新排序的项目：零件；装配体的基准面、基准轴、草图；装配体阵列；关联的零件特征；在配合文件夹内的配合关系；装配体特征。

7. 配合与配合文件夹

装配体中的配合关系可以被分成组放入配合文件夹中，配合按照顺序求解。

三、向装配体中添加零件

1. 添加第一个零件

依次单击工具栏中的"装配体"→"插入零件" 🗗，再单击"浏览"按钮，在文件管理器中选择"零件 1 底座"，单击"打开"按钮，在装配体中插入第一个零件，如图 9-6 所示。

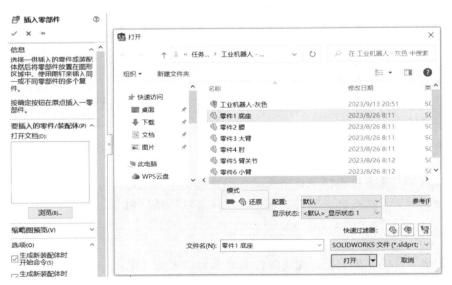

图 9-6　在装配体中插入第一个零件

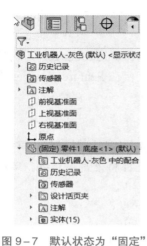

图 9-7 默认状态为"固定"

插入装配体中的第一个零件默认的状态是"固定",固定的零件不能被移动,并且固定在插入装配体时放置的位置,如图 9-7 所示。

2. 添加其他零件

当第一个零件插入装配体并完全定义后,就可以添加其他的零件并且与第一个零件创建配合关系。刚插入装配体的零件的配合状态是欠定义的,以便其自由旋转。

其命令执行方式有四种:

(1)使用"插入零件"对话框。

(2)从 Windows 资源管理器中拖动零件。

(3)从打开的文件中拖动零件。

(4)从任务窗格中拖动零件。

插入零件后,单击"保持可见"可以实现多个零件的添加以及某一个零件的多个实例。

3. 复制零件

在装配体中,经常遇到同一零件使用多次的情况。要实现这种多零件的装配,可以使用复制、粘贴的方法。

其命令执行方式有两种:

(1)按住 Ctrl 键,从装配体 FeatureManager 设计树中拖动零件到图形区。

(2)在图形区中选择零件,按住 Ctrl 键的同时使用鼠标左键拖动,产生一个复制的零件。

4. 移动和旋转零件

移动和旋转零件使用的是移动零件与旋转零件命令,也可以使用三重轴的方式。当需要在设定好的零件模拟机构运动中进行移动时,还可以使用动态装配体运动。

移动零件的命令执行方式有三种:

(1)单击"装配体"工具栏中的"移动零件" 📭 。

(2)单击菜单栏中的"工具"→"零件"→"移动"。

(3)移动零件命令提供了几个选项,用于零件的移动方式。其中,选项"沿实体"提供了选择框;选项"沿装配体 XYZ""由 Delta XYZ"和"到 XYZ 位置"要求提供坐标值。

旋转零件的命令执行方式有三种:

(1)单击"装配体"工具栏中的"移动零件"→"旋转零件" 🎁 。

(2)单击菜单栏中的"工具"→"零件"→"旋转"。

(3)旋转零件命令也提供了几个选项,用来定义零件的旋转方式。

三重轴的操作方法:右击零件,选择"以三重轴移动"命令。

四、配合零件

为了实现零件的精确装配,使用零件的表面和边来相互配合。可以使用"配合"命令在零件之间或零件和装配体之间创建关联。在 SOLIDWORKS 中,可以利用多种对象来创建零件间的配合关系,如面、顶点、基准面、草图及点、边、基准轴和原点。大部分的配合是在一对实体间创建的，最常用的两个配合是"重合"与"同轴心"。

其命令执行方式有三种：

（1）单击"装配体"工具栏中的"配合" 📎 。

（2）单击菜单栏"插入"→"配合"。

（3）快捷菜单：右击零件，选择"配合"。

1. 配合类型和对齐选项

在装配体中创建零件之间的配合关系时，经常需要对两个面进行配合关系的创建。在面与面配合中，有"反向对齐"与"同向对齐"两种选项，以及其他可选择的选项，所有的选项不同导致最终配合结果不同，见表9-1。

表9-1　面与面配合对齐方式

配合类型	同向对齐 ⚏	反向对齐 ⚎
重合		
平行		
垂直		
距离		
角度		

在零件的配合中，另一种常见的配合方式是圆柱面的配合，见表9-2。

表9-2　圆柱面配合对齐方式

所选平面	同向对齐 ⚏	反向对齐 ⚎
同轴心 ◎ 同轴心(N)		
相切 ⌀ 相切(T)		

除面与面配合、圆柱面配合之外，还有一种常见的配合方式，即距离，见表9-3。

表9-3　距离配合的几种方式

中心到中心		最小距离	
最大距离		自定义距离	

"锁定"功能：选取装配体中零件的任意位置，单击配合后，单击"锁定"按钮🔒，此时零件保持相对的位置和方向，不会出现配合对齐选项。

重新编辑配合：当配合关系已经创建完成后，如果需要重新编辑，可以在"配合"按钮上右击，从快捷菜单中选择"编辑特征"进行重新编辑。

配合对象：可以采用多种对象创建配合关系，如平面或曲面、直线或直线边、基准面、基准轴或临时轴、顶点原点与坐标系、圆弧或圆形边等。当基准面处于显示状态时，可以直接选择。也可以在装配体文件的 FeatureManager 设计树中，按照名字来选择参考基准面。单击设计树中的"+"，可以展开单独的零件及其特征。

2. 宽度配合

在"配合"对话框中选择"高级配合"，可以选择"宽度"。在"宽度"选项中包含"宽度选择"和"薄片选择"。其中，薄片面以宽度面为中心来定位零件。表9-4列出了几种宽度选择和薄片选择的例子。

表9-4　面与面配合对齐方式

宽度选择	薄片选择	结果

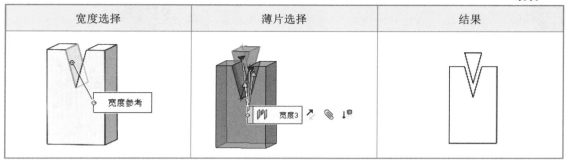

宽度选择	薄片选择	结果

宽度配合中包含的选项有"自由""尺寸""百分比",更改这些选项的参数,可以实现预计的配合样式。

3. 动态模拟装配体的运动

装配体中的零件配合没有完全定义时,可以使用左键拖动这个零件。此时,零件的运动范围是配合允许的自由度。固定的零件、已经完全定义的零件不能被拖动。

4. 装配体中的零件配置

当零件有多种配置时,向装配体中插入该零件,可以选择该零件的一种配置。当零件已经插入装配体后,也可以切换该零件的不同配置。

五、在装配体中使用"零件配置"

1. 零件的配置

当零件的外观、形状等相似时,可以制作成一个零件,使用不同的配置。例如,设计螺栓时,可以在同一个零件中选择不同配置的螺纹与尺寸。

绘制垫片零件,设置内径为 $\phi25\ mm$,外径为 $\phi50\ mm$,厚度为 $2\ mm$,如图 9-8 所示。

在 Configuration Manager 配置管理器,右击当前配置,选择"重命名树项目",如图 9-9 所示,将配置重命名为"25×50×2"。

图 9-8　垫片

图 9-9　重命名树项目

右击"垫片 配置",选择"添加配置",配置名称改为"50×100×3",如图9-10所示。

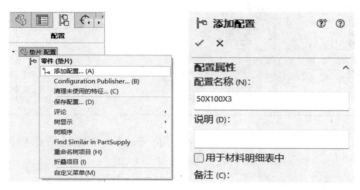

图9-10 添加配置

右击新的配置,选择"显示配置",回到模型设计界面,就可以改变零件尺寸,如图9-11所示。

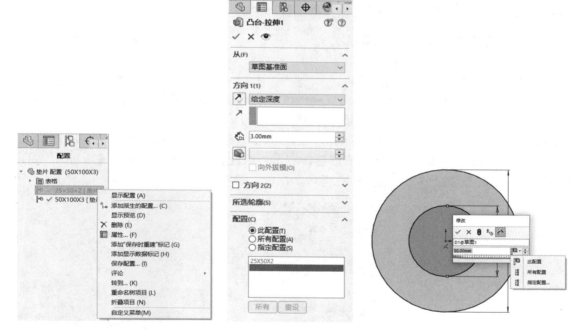

图9-11 在新配置中更改零件的尺寸

2. 装配体中使用零件的配置

在装配体中插入零件时,可以选择不同的配置,如图9-12所示。

图 9-12　在插入的零件中选择配置

六、零件隐藏与透明

隐藏零件的功能是使装配体中该零件不可见，但是该零件在装配体中保持活动状态。隐藏的零件保持与其他零件的配合关系，在使用质量计算等功能时，仍会考虑该零件的存在。

隐藏零件后，通过"显示"命令恢复被隐藏零件的显示。

隐藏零件的命令执行方式有三种：

（1）快捷菜单：右击零件，选择"隐藏零件" ✎ 或者"显示零件" ◉ 。

（2）显示窗格：在零件上单击对应的"隐藏/显示"。

（3）快捷键：将鼠标指针放在零件上，按 Tab 键隐藏零件，按 Shift+Tab 组合键显示零件。

可以使用"更改透明度"命令 ◉ 将零件的透明度设置成 75%。通过改变零件的透明度，可以方便地选择位于该零件后面的实体。

更改零件透明度的命令执行方式有两种：

（1）快捷菜单：右击零件，选择"更改透明度"。

（2）显示窗格：在零件上单击对应的"透明度"。

七、零件属性

通过右击零件，选择"零件属性"，打开"零件属性"窗口来控制零件的各种状态。

（1）参考显示状态：显示装配体中零件的路径，可以单击"文件"→"替换"使零件替换成其他零件 ⚙ 替换零部件 (Z) 。

（2）显示属性：可以通过选择零件的显示状态，实现隐藏或者显示零件。

（3）压缩状态：压缩、还原零件为轻化状态。压缩后的零件，配合、质量等同时被压缩，不会在装配体中出现。

（4）求解为：确定子装配体是刚性状态还是柔性状态，可以设置在父装配体中移动子装配体的各个零件。

（5）所参考的配置：确定零件使用的配置。

八、装配体分析

在装配体中可以进行各种类型的分析，如质量属性、干涉检查、检查间隙等。

1. 质量属性

装配体的质量属性与零件的相同。需要注意的是，在装配体中，需要对每个零件的材料属性"材质"特征 ⬚材质 中的"编辑材料" ⬚ 编辑材料(A) 进行单独设置。

2. 干涉检查

对装配体中静态零件之间使用干涉检查。该命令可以选择多个零件并寻找它们之间的干涉。干涉检查的结果成对出现，并且对干涉进行图解表示，个别的干涉可以被忽略。

其命令执行方式有两种：

（1）单击"评估"工具栏中的"干涉检查" ⬚。

（2）单击菜单栏中的"工具"→"评估"→"干涉检查"。

3. 检查间隙

当模型中两个零件之间出现间隙，很难被视觉发现时，需要用到检查间隙。如平行或者同轴零件。

其命令执行方式有两种：

（1）单击"评估"工具栏中的"评估"→"间隙验证" ⬚。

（2）单击菜单栏中的"工具"→"评估"→"间隙验证"。

九、装配体爆炸视图

装配体的爆炸视图可以使用自动爆炸和逐个零件爆炸两种方式实现。同时，装配体在正常视图与爆炸视图之间可以来回切换。在创建爆炸视图后，可以对其进行编辑，也可以导入二维的工程图中。爆炸视图可以根据活动的配置一起保存，每个配置中可以有多个爆炸视图。

1. 设置爆炸视图

设置爆炸视图的步骤是，首先创建配置保存爆炸视图，然后添加配合关系用来保持装配体在起始位置。

其命令执行方式有两种：

（1）单击"装配体"工具栏中的"爆炸视图" ⬚。

（2）单击菜单栏中的"插入"→"爆炸视图"。

爆炸视图的实现一般是重复多次进行操作，具体步骤如下：

（1）选择需要爆炸的零件。

（2）拖放轴或者圆环进行平移或旋转。

（3）右击或者单击"完成"按钮 ✔ 结束当前爆炸步骤。

2. 爆炸装配体

子装配体在爆炸视图中可以视作一个单独的零件，或者是构成此装配体的多个零件。如果取消勾选"选择子装配体零件"复选框，子装配体被当作一个零件。如果勾选了该复选框，子装配体中的零件都可以单独进行爆炸操作。

3. 爆炸多个零件

可以同时选择多个零件，按照相同的矢量距离和方向进行操作。在该操作选择零件时，不需要按住 Ctrl 键，并且不勾选"自动调整零件间距"复选框。

4. 退回和重新排序爆炸步骤

在"爆炸步骤"组框中使用"退回控制棒"，可以对爆炸步骤进行退回与重新排序。重新排序的效果可以在爆炸步骤被播放时明显显示。

5. 更改爆炸方向

当零件被配合或者放置时，与标准方向成一定的角度，此时移动操作杆的轴不能向所需方向爆炸，需要更改轴的方向。

其命令执行方式有四种：

（1）按住 Alt 键并拖动操纵杆的原点到边、轴、面或其他位置重新定位。

（2）右击操纵杆原点并选择"移动到选择"或者"对齐到"选项。选择一条边、轴、面或者其他位置重新定位。

（3）右击操纵杆原点并选择"与零件原点对齐"，以使用零件的轴。

（4）右击操纵杆原点并选择"与零件原点对齐"，以使用装配体的轴。

6. 使用自动间距

爆炸视图中需要沿单个轴线方向分布多个零件时，可以使用"自动调整零件"选项，其中间距数值可以通过滑块来设定，并且在生成后可以更改。

任务实施

步骤一：零件的建模

工业机器人由数千个零件组成。为了使读者更方便地进行装配，本书中将部分零件合并成一个零件，进行装配体的操作。被装配的零件按照 6 轴机器人的结构，每个轴由 2 个零件配合。本书中的工业机器人由 7 个零件作为素材，供装配使用，如图 9-13 所示。

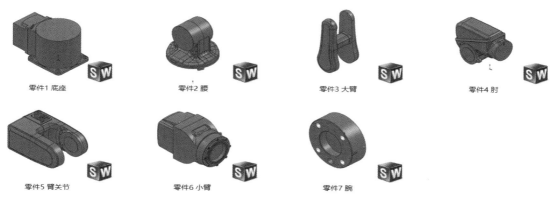

零件1 底座　　零件2 腰　　零件3 大臂　　零件4 肘

零件5 臂关节　　零件6 小臂　　零件7 腕

图 9-13　工业机器人装配用到的零件

步骤二：零件的装配标准

一、新建装配体

单击菜单栏中的"新建"按钮 📄，在"新建 SOLIDWORKS 文件"对话框中，选择"装配体"，单击"高级"按钮，选择"gb_assembly"图标，单击"确定"按钮。

二、插入第一个零件

单击"装配体"工具栏中的"插入零件"按钮 📥，然后在对话框中的资源管理器中选择"零件1 底座"，单击对话框右下角的"打开"按钮。此时不要单击鼠标，移动鼠标时，会发现零件在图纸中可以自由活动，按 Enter 键后，零件固定到装配体中，并且零件的坐标原点与装配体坐标原点重合。

单击"保存"按钮 💾，选择保存路径，在弹出的资源管理器中填入装配体名称"工业机器人 装配体"，单击"保存"按钮。

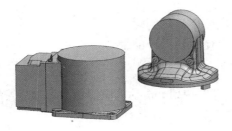

图 9-14　装配体中插入第二个零件

三、插入第二个零件

单击"插入零件"按钮，重复第一个零件的动作，插入"零件2 腰"。此时，新插入的零件能够在装配体中自由移动，在任意位置单击，将第二个零件放在装配体中，如图 9-14 所示。

单击"装配体"工具栏中的"配合"按钮 📎，选择"配合选择"框，然后用鼠标选择零件1的上平面与零件2的下平面，在"配合类型"里选择"重合" 🅰重合(C)，如图 9-15 所示，最后单击图形区右上角的"确定"按钮 ✔。

图 9-15　面与面重合配合

选择"配合选择"框，然后用鼠标选择零件1的外侧圆弧与零件2的下面圆弧，在"配合类型"中选择"同轴心" ◎同轴心(N)，最后单击图形区右上角的"确定"按钮 ✔。

如果在配合动作完成之后，图形区没有零件，单击图形区顶部的"整屏显示全图"可以显示所有的零件，如图 9-16 所示。

图 9-16　整屏显示全图

此时，在零件 2 任意位置使用单击或者右击可以实现零件 2 的旋转，说明此时零件 2 没有完全约束。如果要实现完全约束，单击"配合"按钮🖇，然后用鼠标选择零件 1 的外侧平面与零件 2 的外侧平面，在"配合类型"中选择"平行"◻平行(R)，最后单击图形区右上角的"确定"按钮✔。

当"平行"配合完成后，零件 2 达到完全约束状态，鼠标拖动后不与零件 1 发生相对移动。此时零件 1 与零件 2 的限位部分处于重合状态，如图 9-17 所示。

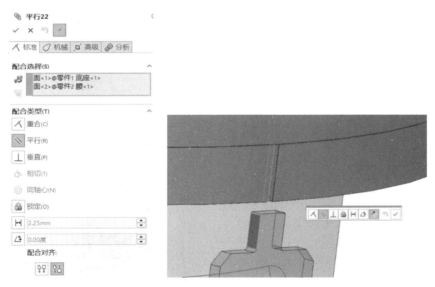

图 9-17　零件之间的平行装配

四、插入第三个零件

单击"插入零件"按钮，通过资源管理器插入零件 3，单击图形区任意位置放置该零件，然后进行配合操作。

单击"配合"，在"配合选择"框里面选择零件 2 的外侧面与零件 3 的内侧面，单击"重合"按钮人重合(C)，如图 9-18 所示，最后单击图形区右上角的"确定"按钮✔。

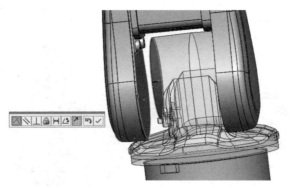

图 9-18　零件之间面重合装配

　　在"配合选择"框里面选择零件 2 的圆弧与零件 3 的圆弧，单击"同轴心"按钮 ，如图 9-19 所示，最后单击图形区右上角的"确定"按钮 ✔。

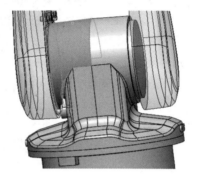

图 9-19　同轴心配合

　　在"配合选择"框里面选择零件 1 的底面与零件 3 中间限位槽口的上平面，单击"平行"按钮 平行(R)，如图 9-20 所示，最后单击图形区右上角的"确定"按钮 ✔。此时，零件 2 与零件 3 的限位部分处于重合状态。

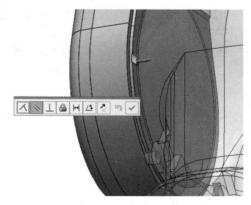

图 9-20　平行配合

五、插入第四个零件

单击"插入零件"按钮 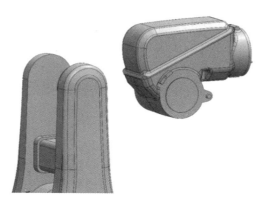，通过资源管理器插入零件 4，单击图形区任意位置放置该零件，然后进行配合操作，如图 9-21 所示。

图 9-21　插入零件 4

选择零件 4 内部左侧平面，单击"配合"按钮 ⌀，单击"重合"按钮 ⼈ 重合(C)，选择零件 3 外部左侧平面，如图 9-22 所示。

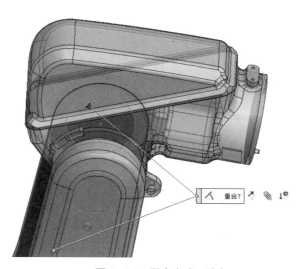

图 9-22　配合方式-重合

选择零件 3 与零件 4 的圆弧，单击"配合"按钮 ⌀，单击"同轴心"按钮 ◎ 同轴心(N)，单击"确定"按钮 ✔，如图 9-23 所示。

选择零件 3 横梁上表面与零件 4 的末端的平面，单击"配合"按钮 ⌀，单击"平行"按钮 ⬚ 平行(R)，单击"确定"按钮 ✔，如图 9-24 所示。

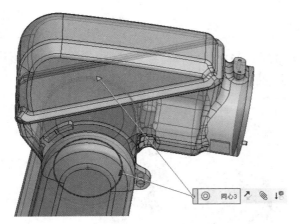

图 9-23　配合方式-同轴心

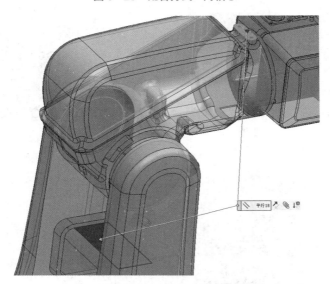

图 9-24　配合方式-平行

零件 4 装配完成后，如图 9-25 所示。

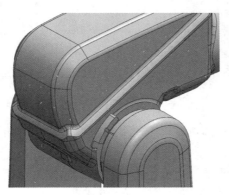

图 9-25　零件 4 装配完成

六、插入第五个零件

单击"插入零件"按钮，通过资源管理器插入零件 5，单击图形区任意位置放置该零件，然后进行配合操作。

选择零件 4 末端平面与零件 5 的末端平面，单击"配合"按钮，单击"重合"按钮，再单击"确定"按钮，如图 9–26 所示。

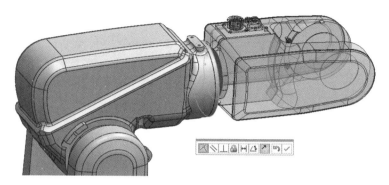

图 9–26　配合方式 – 重合

选择零件 4 与零件 5 的圆弧，单击"配合"按钮，单击"同轴心"按钮，再单击"确定"按钮，如图 9–27 所示。

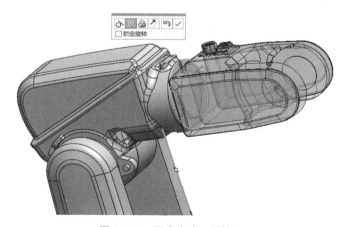

图 9–27　配合方式 – 同轴心

选择零件 4 与零件 5 的平面，单击"配合"按钮，单击"平行"按钮，再单击"确定"按钮，如图 9–28 所示。

七、插入第六个零件

单击"插入零件"按钮，通过资源管理器插入零件 6，单击图形区任意位置放置该零件，然后进行配合操作。

选择零件 5 内侧平面与零件 6 的外侧平面，单击"配合"按钮，单击"重合"按钮，单击"确定"按钮，如图 9–29 所示。

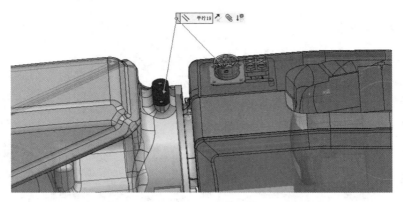

图 9-28　配合方式-平行

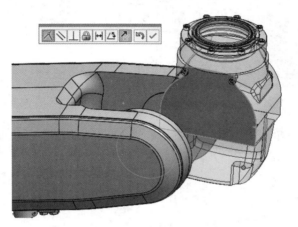

图 9-29　配合方式-重合

选择零件 5 与零件 6 的圆弧，单击"配合"按钮 ✎，单击"同轴心"按钮 ◎ 同轴心(N)，再单击"确定"按钮 ✔，如图 9-30 所示。

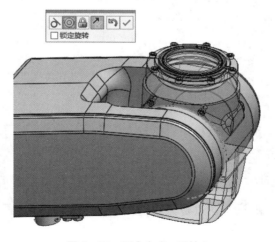

图 9-30　配合方式-同轴心

选择零件 5 插头的平面与零件 6 中间部分的平面，单击"配合"按钮✎，单击"平行"按钮◿平行(R)，再单击"确定"按钮 ✔ ，如图 9−31 所示。

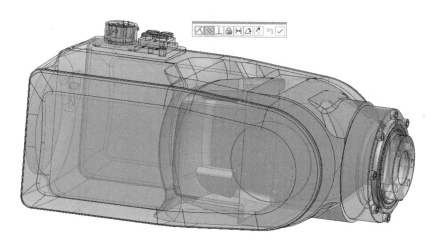

图 9−31　配合方式−平行

八、插入第七个零件

单击"插入零件"按钮🗁，通过资源管理器插入零件 7，单击图形区任意位置放置该零件，然后进行配合操作。

选择零件 6 前端平面与零件 7 底部的平面，单击"配合"按钮✎，单击"重合"按钮人重合(C)，再单击"确定"按钮 ✔ ，如图 9−32 所示。

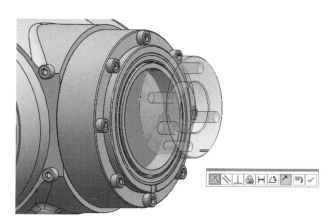

图 9−32　配合方式−重合

选择零件 6 与零件 7 的圆弧，单击"配合"按钮✎，单击"同轴心"按钮◎同轴心(N)，再单击"确定"按钮 ✔ ，如图 9−33 所示。

选择零件 6 限位槽侧面与零件 7 限位槽的平面，单击"配合"按钮✎，单击"平行"按钮◿平行(R)，再单击"确定"按钮 ✔ ，如图 9−34 所示。

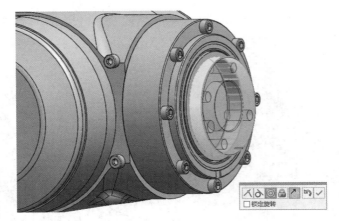

图 9-33　配合方式-同轴心

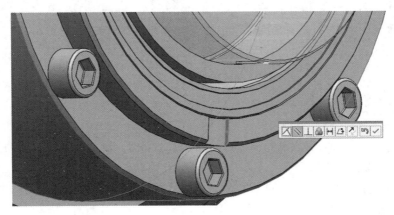

图 9-34　配合方式-平行

装配完成，如图 9-35 所示。

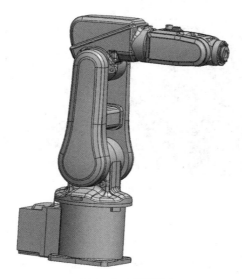

图 9-35　装配体

步骤三：零件的装配－高级

一、压缩装配步骤

单击零件 1，在对话框中选择"查看配合"按钮 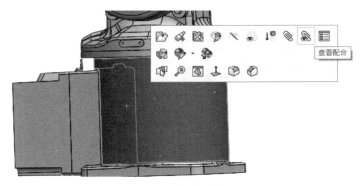，如图 9－36 所示。

图 9－36　查看配合

单击"查看配合"按钮 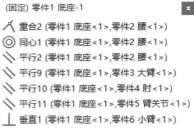 后，会显示配合步骤的详情，如图 9－37 所示。

图 9－37　配合步骤详情

单击任意一项装配步骤后，就可以在图形区内清晰地看到该步骤的配合详情，如图 9－38 所示。

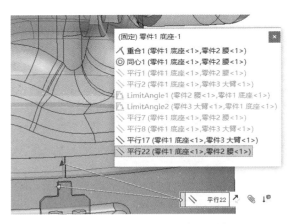

图 9－38　查看配合步骤详情

右击装配步骤，可以在快捷菜单中单击"压缩"按钮↓⁶，如图9-39所示，进行装配步骤的压缩。压缩后，装配的步骤约束失效，该装配步骤变成灰色，并且该配合特征在装配体中也不显示，呈现隐藏状态，如图9-40所示。

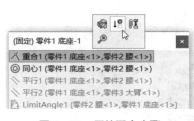

图9-39 压缩配合步骤

图9-40 压缩配合步骤

二、高级装配角度

单击零件1侧面与零件2侧面，单击"装配"→"高级"→"角度"，在角度最大值与最小值中分别填写90度与-90度。此时，可以移动零件2，并且零件2的移动范围受到角度的限制，如图9-41所示。

图9-41 高级配合-角度范围

三、高级装配宽度

单击零件 2，然后单击"查看配合"按钮 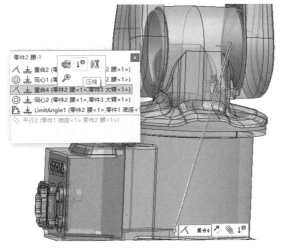，找到与零件 3 的重合后，压缩配合，如图 9-42 所示。

单击"装配"→"高级"→"宽度"，在"宽度选择"第一个框中选择零件 2 的两个面，在第二个框中选择零件 3 的两个面，如图 9-43 所示。

图 9-42　压缩已经存在的零件配合

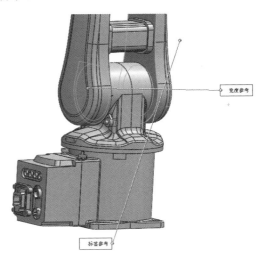

图 9-43　高级装配-宽度

四、在装配基础上编辑高级装配

单击零件 3，然后单击"查看配合"按钮，找到与零件 3 的平行后，单击"编辑特征"按钮，如图 9-44 所示。

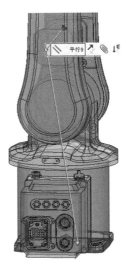

图 9-44　配合步骤-编辑特征

在配合中选择"高级配合"，单击角度，角度最小值与最大值分别填入 180 度与 270 度，如图 9-45 所示。通过此操作，可以达到与压缩相同的效果。

图 9-45　高级配合–角度范围

经过高级配合后，零件 3 可以在 90 度范围内动作，两个极限位置分别是竖直与前倾 90 度，如图 9-46 所示。

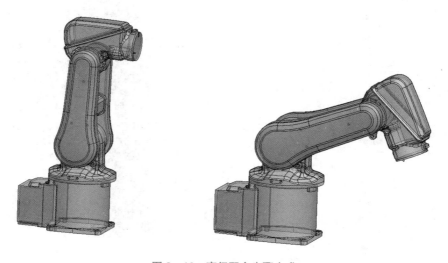

图 9-46　高级配合步骤完成

步骤四：工业机器人爆炸图

一、创建爆炸视图

单击菜单栏菜单"插入"→"爆炸视图"命令，出现"爆炸"属性管理器，设置如图9−47所示。

图9−47 "爆炸"属性管理器设置

选择爆炸步骤零件，单击需要爆炸的零件，此时所选择的零件高亮显示，并出现移动坐标系，如图9−48所示。

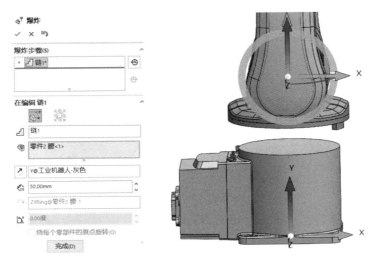

图9−48 压缩配合步骤

选择一个坐标轴确定爆炸方向，并且可以定义坐标轴的正反方向。在"爆炸距离"后面的文本框中输入需要定义的值，或者用鼠标拖动到合适的位置。

单击"完成"按钮后保存当前爆炸步骤，并保存在"爆炸步骤"中。重复爆炸步骤，可以将所有的零件进行爆炸操作，链 1 的操作方式以及参数如图 9-49 所示，链 2 的操作方式以及参数如图 9-50 所示。

图 9-49　链 1 操作方式与参数

图 9-50　链 2 操作方式与参数

链 3 的操作方式以及参数如图 9-51 所示，链 4 的操作方式以及参数如图 9-52 所示

图 9-51　链 3 操作方式与参数

图 9-52　链 4 操作方式与参数

链 5 的操作方式以及参数如图 9-53 所示，链 6 的操作方式以及参数如图 9-54 所示。

图 9-53　链 5 操作方式与参数　　　　　图 9-54　链 6 操作方式与参数

链 7 的操作方式以及参数如图 9-55 所示。爆炸参数设置完成后的视图，如图 9-56 所示。

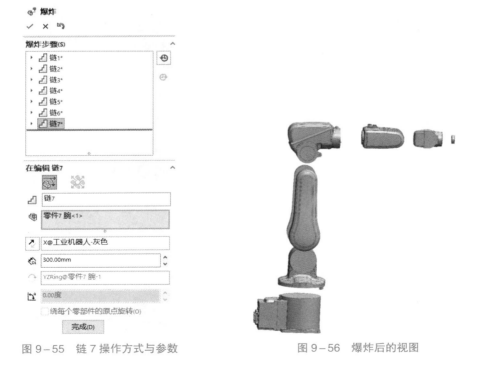

图 9-55　链 7 操作方式与参数　　　　　图 9-56　爆炸后的视图

二、智能爆炸

单击"装配体"工具栏中"爆炸视图"下的"插入/编辑智能爆炸直线"，可以智能插入爆炸直线，如图 9−57 所示。

图 9−57 "插入/编辑智能爆炸直线"

"智能爆炸直线"属性管理器的设置如图 9−58 所示。

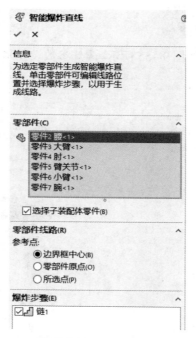

图 9−58 "智能爆炸直线"属性管理器的设置

智能爆炸设置后的视图如图 9−59 所示。

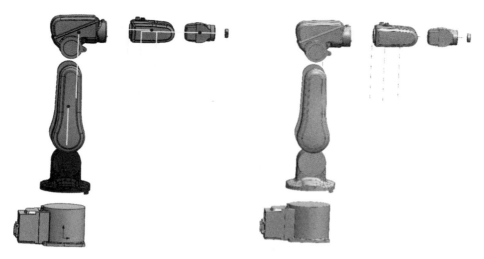

图 9–59　智能爆炸后的视图

三、干涉检查

单击"评估"工具栏中的"干涉检查"按钮，单击"计算"按钮，从结果中可以看出零件之间发生的干涉，如图 9–60 所示。

图 9–60　干涉检查

任务拓展　NEWS

创建装配体滚轮连杆机构（Wheel Linkage Assembly），它包含 1 个底座（Base）①、1个铁盖（Rail Lid）②、1 个滚轮（Wheel）③、1 个活塞气缸（Piston Cylinder）④、1 个活塞（Piston）⑤、1 个气缸连接器（Cylinder Connector）⑥、1 个大链环（Large Link）⑦和

1 个小链环（Small Link）⑧。装配要求如图 9-61 所示。

　　使用单位：MMGS（毫米、克、秒）。

　　小数位数：2。

　　装配体原点：自定义。

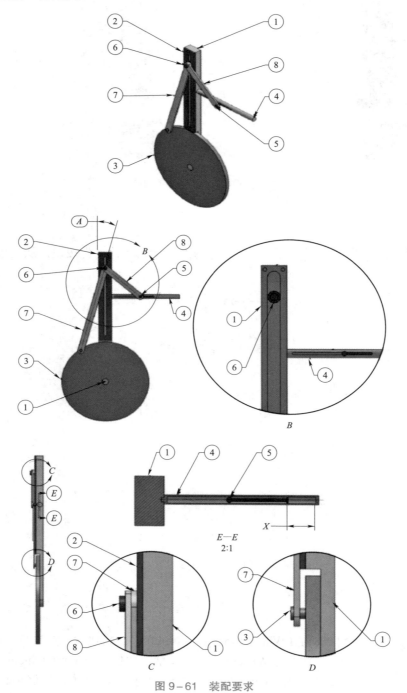

图 9-61　装配要求

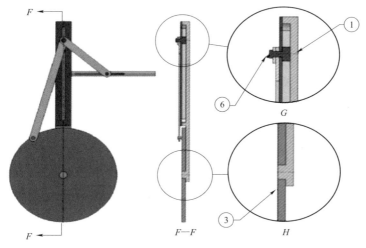

图 9-61　装配要求（续）

步骤一：创建装配体

（1）底座轴心配合于铁盖的 4 个销，铁盖的内面（销面）与底座的顶端面（槽面）重合，如图 9-62 所示。

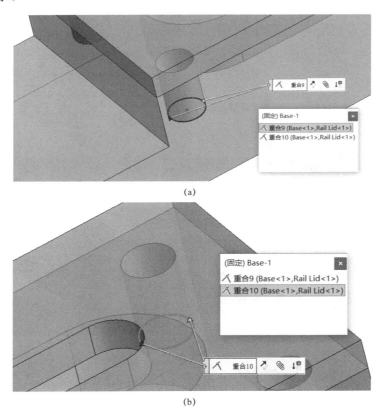

（a）

（b）

图 9-62　底座与铁盖配合

（2）滚轮轴心配合且对齐至底座上销的末端，如图 9-63 所示。

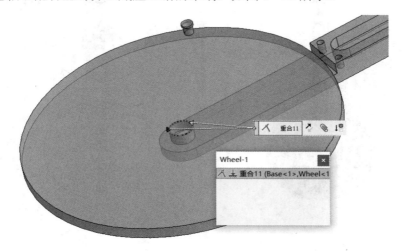

图 9-63　滚轮与底座配合

（3）气缸连接器的大直径柱面配合相切于底座的槽面，气缸连接器的底部配合于底座上槽的底部平面，如图 9-64 所示。

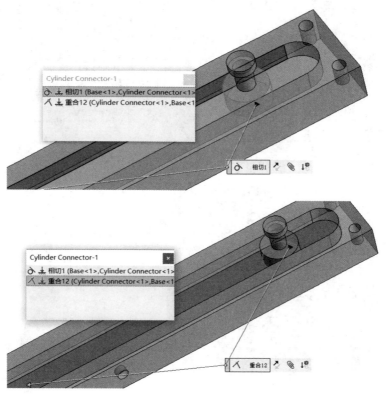

图 9-64　气缸连接器与底座配合

（4）活塞气缸的销端轴心配合且与底座上的侧孔重合，活塞气缸上槽的直面平行于底座的顶端面，如图 9-65 所示。

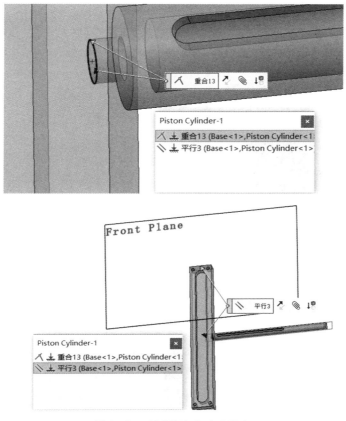

图 9-65　活塞气缸与底座配合

（5）活塞的外圆与活塞气缸的内孔同心，且活塞的上面与底座的上面平行，如图 9-66 所示。

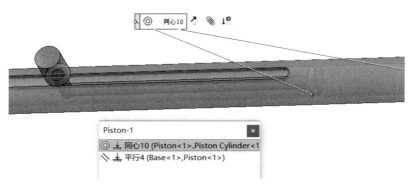

图 9-66　活塞与活塞气缸配合

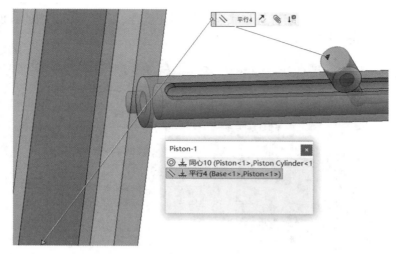

图 9-66　活塞与活塞气缸配合（续）

（6）大链环上的一个孔与活塞上端的圆同心重合，大链环的另一个孔与滚轮上的一个圆同心重合，大链环的一个面与铁盖的一个面重合，如图 9-67 所示。

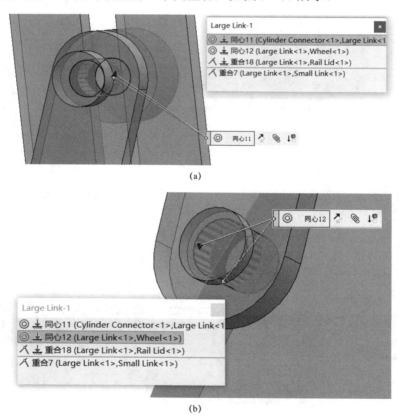

图 9-67　大链环的装配

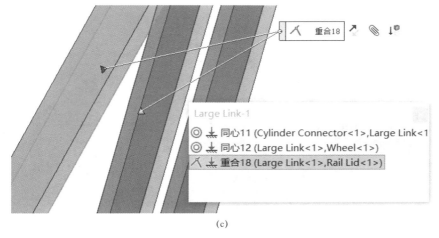

(c)

图 9-67 大链环的装配（续）

（7）小链环上的一个孔轴心配合于气缸连接器，同时，小链环的底面与大链环的顶端面相吻合、小链环上的反面孔与活塞的伸出端同心，如图 9-68 所示。

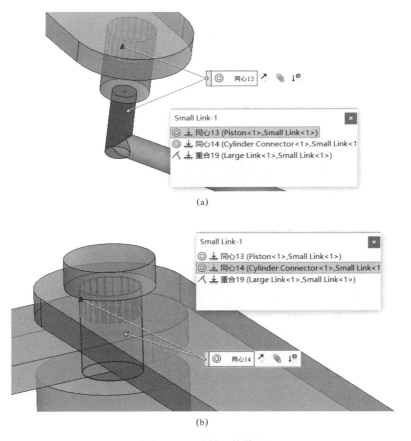

图 9-68 小链环的装配

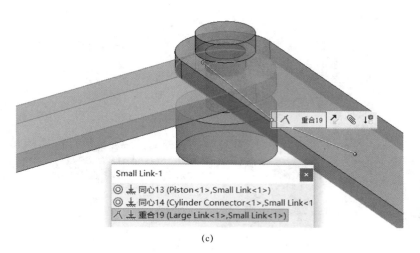

(c)

图9-68　小链环的装配（续）

步骤二：测量距离

（1）装配图中 $A = 11.5°$，测量距离 X，测量结果如图9-69所示。

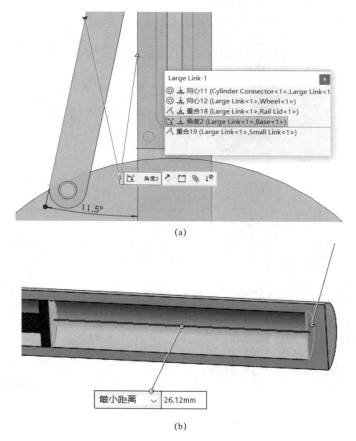

(a)

(b)

图9-69　测量结果

（2）修改参数 $A=21.5°$，测量距离 X，修改后的测量结果如图 9−70 所示。

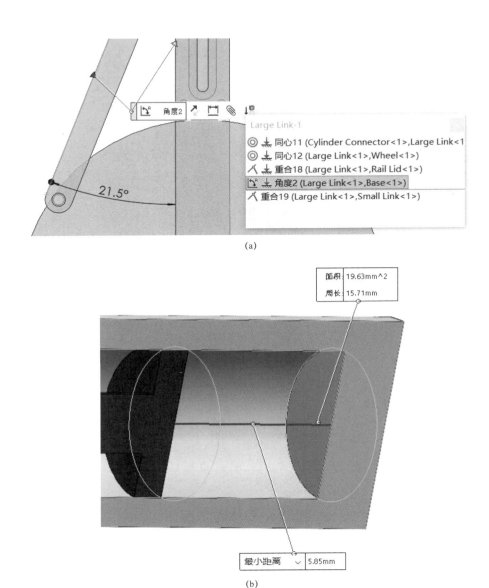

(a)

(b)

图 9−70　修改后的测量结果

步骤三：测量装配体质量重心

修改参数 $A=74°$ 单击"评估"→"质量属性"按钮 ，测量装配体的质量属性，测量结果如图 9−71 所示。

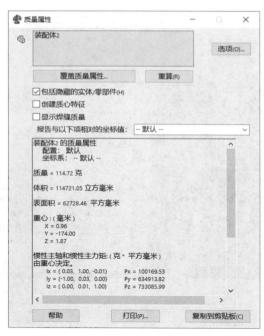

图 9-71　装配体质量重心测量

任务评分表

评价项目	评价标准	参考分值	学生自评（15%）	学生互评（15%）	教师评价（70%）
创建装配体	配合的完整性与合理性、可制造性与装配工艺	15			
按照指定要求进行装配	配合精确性、功能实现、约束合理性、可制造性与装配工艺	40			
测量距离	测量准确性、操作流程正确性、参照物选择合理性	20			
测量装配体质量中心	测量准确性、完整性、参照系一致性、报告与记录	10			
素质	勤奋好学，刻苦钻研，达到或超越任务素质目标	15			
总评					

本任务主要通过对工业机器人的装配学习，使读者掌握装配体文件的创建方法、零件的

配合和约束的方法、生成爆炸视图的方法。装配体的学习最好选择自下而上的设计方法，仔细分析图纸，按照图纸要求进行装配。养成勤奋好学、刻苦钻研的良好习惯，在后续学习中减少失误，提升绘图速度，在实际生产过程中能更好地进行设计和装配，提升生产效率，提升自身技能。

<h2 style="text-align:center">练 习 题</h2>

1. 将完成的滚轮连杆机构生成爆炸视图，熟悉生成爆炸图的方法步骤。

2. 完成如图 9-72 所示装配体的设计，并测量距离 X。

图中，底座①、滚轮组件（Wheel Components）②、连接杆（Connecting Rods）③、连接块（Connecting Block）④。使用单位：MMGS（毫米、克、秒）。小数位数：2。装配体原点：自定义。$A = 14.2$ mm，$B = 22°$。

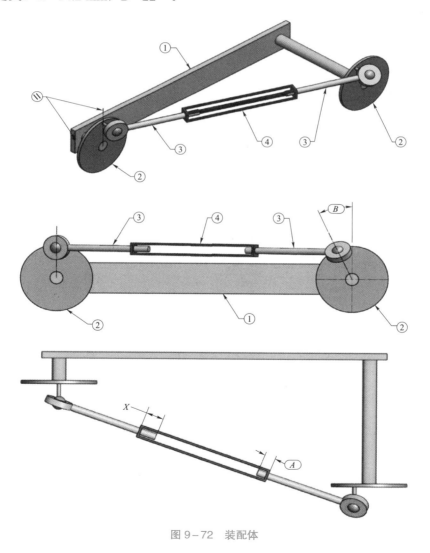

图 9-72　装配体

任务十　法兰工程图设计

任务描述

技能目标：

具备使用零件生成工程图的能力。

具备使用装配体生成工程图的能力。

知识目标：

掌握标准三视图、剖面视图、断开的剖视图等的绘制方法。

掌握尺寸标注、工程符号、注释等操作。

素质目标：

具备互帮互助、团结协作的优良品质。

严格参照标准，养成严谨细致、一丝不苟的工匠精神。

精益求精

任务引入

在实际生产加工中，除了进行零件的三维建模外，还需将设计好的三维造型转换为工程图，本任务完成末端法兰工程图的建立，如图10-1所示。

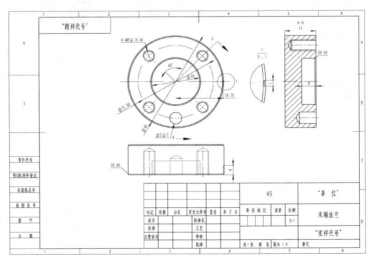

图10-1　末端法兰工程图

一、工程图文件的建立

单击"新建"按钮 □，在弹出的"新建 SOLIDWORKS 文件"对话框中单击"工程图"图标，单击"高级"按钮，选择"gb_a4"，单击"确定"按钮，进入工程图界面，如图 10-2 所示。在工程图界面下方的工具栏中，可通过设置绘图比例来修改图纸的比例。

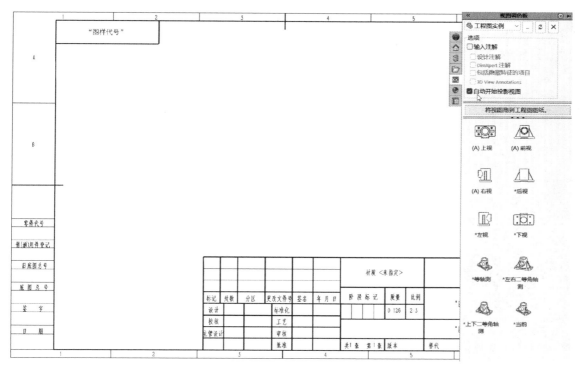

图 10-2　工程图界面

二、工程图

1. 模型视图

模型视图是根据现有零件或装配体添加正交视图。利用已有的模型视图可生成投影视图。

其命令执行方式为：

打开实例源文件"工程图实例"，单击"新建"下的"从零件/装配体制作工程图"图标 从零件/装配体制作工程图，选择"gb_a4"模板，出现"视图调色板"，拖动"视图调色板"中的"（A）前视"视图至工程图中合适位置，生成模型视图，按 Esc 键退出。单击图形区，折叠"视图调色板"，如图 10-3 所示。

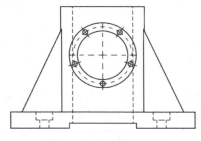

图 10-3　生成模型视图

　　当需要修改绘图比例时，单击"状态栏"中的"视图比例"，选择"用户定义"，如图 10-4 所示。弹出"用户定义的图纸尺寸"，定义图纸比例为 2:3，视图比例发生变化，如图 10-5 所示。

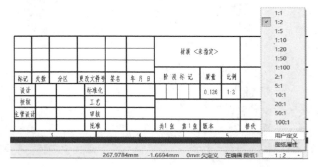

图 10-4　用户定义视图比例

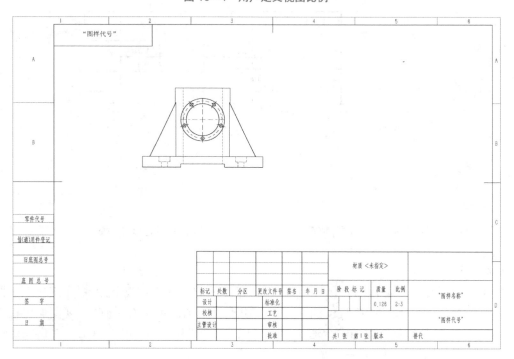

图 10-5　修改比例后的视图

2. 投影视图

投影视图是根据已有视图利用正交投影生成的视图。投影视图的投影方法是根据在"图纸属性"属性管理器中所设置的第一视角和第三视角投影类型而确定。

其命令执行方式有两种：

单击"工程图"工具栏中的"投影视图" 𝄖。

单击菜单栏"插入"→"工程图视图"→"投影视图"。

打开实例源文件"投影视图实例"，执行"投影视图"命令后，出现"投影视图"属性管理器，如图10-6所示。单击要投影的模型视图，水平或竖直移动鼠标放置视图，生成投影视图，如图10-7所示。

图10-6 "投影视图"属性管理器

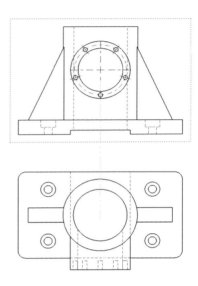

图10-7 生成投影视图

3. 标准三视图

标准三视图命令是生成零件的三个默认正交视图，其主视图的投射方向为零件或装配体的前视。在标准三视图中，主视图、俯视图及左视图有固定的对齐关系，即长对正、高平齐、宽相等。俯视图可以竖直移动，左视图可以水平移动。

其命令执行方式有两种：

单击"工程图"工具栏中的"标准三视图" 𝄖。

单击菜单栏"插入"→"工程图视图"→"标准三视图"。

执行命令后，出现"标准三视图"属性管理器，单击"浏览"按钮，出现"打开"对话框，选择零件"工程图实例"，单击"打开"按钮，工程图中生成了三视图，如图10-8所示。

4. 剖面视图

剖面视图是通过一条剖切线切割父视图而生成，属于派生视图，可以显示模型内部的形状和尺寸。剖面视图可以是剖切面或是用阶梯剖切线定义的等距剖面视图，并可以生成半剖视图。

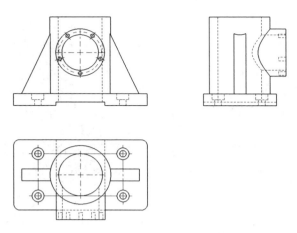

图 10-8　标准三视图

其命令执行方式有两种：

单击"工程图"工具栏中的"剖面视图" ⮂。

单击菜单栏"插入"→"工程图视图"→"标准三视图"。

打开实例源文件"剖面视图实例"，单击"工程图"工具栏中的"剖面视图"按钮⮂，出现"剖面视图辅助"属性管理器。单击"切割线"选项中的"水平"按钮↓↑↓，在图形区的模型视图中选择中心圆的圆心，出现新的工具条，单击✔按钮，如图 10-9 所示。向下拖动鼠标，创建剖视图，单击"切除线"选项下的"反转方向"按钮↗，改变投影方向，生成全剖视图，如图 10-10 所示。

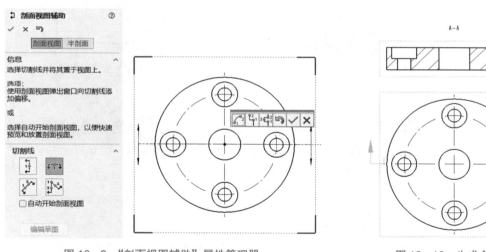

图 10-9　"剖面视图辅助"属性管理器　　　　　图 10-10　生成全剖视图

5. 辅助视图

辅助视图（向视图）是通过在现有视图中的线性实体（边线、草图实体等）展开新视图来添加视图，它的投影方向垂直于所选视图的参考边线，但参考边线一般不能为水平线或竖直线，否则生成的就是投影视图。辅助视图相当于机械制图表达方法中的斜视图，可以用来表达零件的倾斜结构。

　　其命令执行方式有两种：

　　单击"工程图"工具栏中的"辅助视图" 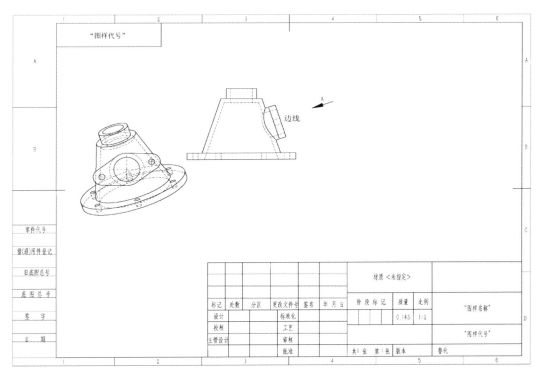 。

　　单击菜单栏"插入"→"工程图视图"→"辅助视图"。

　　打开实例源文件"辅助视图实例"，单击"工程图"工具栏中的"辅助视图"命令 ，在主视图中单击右侧边线，向左拖动。在合适位置单击，生成辅助视图（视图 A），如图 10-11 所示。右击"视图 A"，选择"视图对齐"→"解除对齐关系（A）"。继续右击"视图 A"，选择"对齐工程图视图"→"顺时针水平对齐图纸（A）"。将鼠标指针放置于"视图（A）"外部，鼠标指针变为 ，按住鼠标拖动视图至合适位置，如图 10-12 所示。

图 10-11　"辅助视图"属性管理器

图 10-12　生成辅助视图

单击选择辅助视图中的所有中心线，出现"中心符号线"属性管理器，设定"角度"
为 0 度，如图 10 – 13 所示。

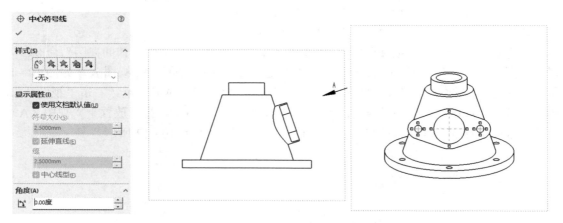

图 10 – 13　"中心符号线"属性管理器设置

6. 裁剪视图

剪裁视图通过隐藏除了所定义区域之外的所有内容而集中于工程图视图的某部分。未剪裁的部分使用草图（通常是样条曲线或其他闭合的轮廓）进行闭合。在工程图中绘制闭合轮廓，裁剪后轮廓以外的视图消失。

其执行命令方式有两种：

单击"工程图"工具栏中的"裁剪视图" 。

单击菜单栏"插入"→"工程图视图"→"裁剪视图"。

打开实例源文件"裁剪视图实例"，单击"草图"工具栏中的"样条曲线"按钮 N，绘制如图 10 – 14 所示的封闭轮廓。单击"工程图"工具栏中的"裁剪视图"按钮 ，生成裁剪视图，如图 10 – 15 所示。

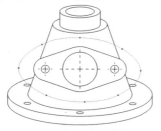

图 10 – 14　绘制样条曲线封闭轮廓

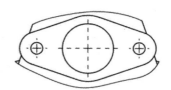

图 10 – 15　生成裁剪视图

7. 局部视图

局部视图是一种派生视图，可以用来显示俯视图的某一局部形状，通常采用放大比例显示。局部视图的父视图可以是正交视图、空间（等轴测）视图、剖面视图、裁剪视图、爆炸装配体视图或另一局部视图，但不能在透视图中生成模型的局部视图。

其命令执行方式有两种：

单击"工程图"工具栏中的"局部视图" 。

单击菜单栏"插入"→"工程图视图"→"局部视图"。

三、尺寸标注

SOLIDWORKS 工程图中的尺寸标注是与模型相关联的，在模型中更改尺寸，工程图中相应的尺寸也随之更改。

模型尺寸：一般指生成零件特征时标注的尺寸和由特征定义的尺寸，对这些尺寸进行修改可直接改变特征的形状，可以对模型进行驱动和修改。

参考尺寸：利用标注尺寸工具添加到工程图中的尺寸。这些尺寸是从动尺寸，不能通过修改这些尺寸来更改模型。当模型更改时，这些尺寸也会随之更改。

任务实施

步骤一：生成主视图和俯视图

（1）新建工程图文件。打开"末端法兰"零件，单击"新建"下的"从零件/装配体制作工程图"按钮图标 从零件/装配体制作工程图，选择"gb_a4"模板，出现"视图调色板"，拖动"视图调色板"中的"（A）前视"视图至工程图中合适位置，生成模型主视图，如图 10-16 所示。

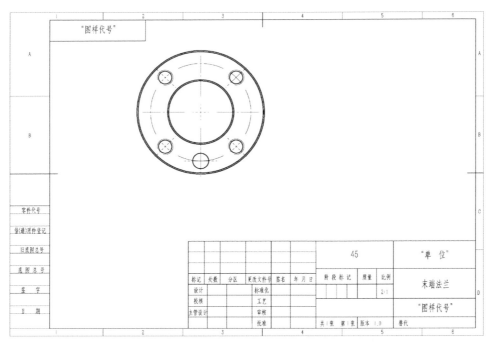

图 10-16　生成主视图

（2）向下拖动鼠标，在合适位置单击确定俯视图的位置，生成俯视图，如图 10-17 所示，按 Esc 键退出投影视图。

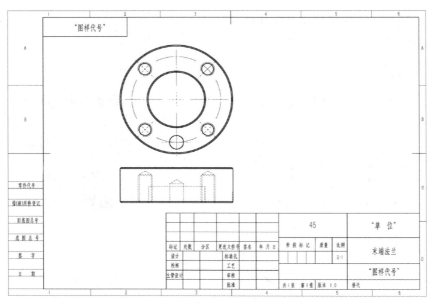

图 10-17　生成俯视图

步骤二：生成旋转剖左视图

（1）单击"工程图"工具栏中的"剖面视图"命令 ⬦，出现"剖面视图辅助"属性管理器，单击"切割线"选项中的"对齐"命令 ⬦，在主视图中选择"圆心 1""圆心 2""圆心 3"，出现新的工具条，单击 ✓ 按钮，如图 10-18 所示。

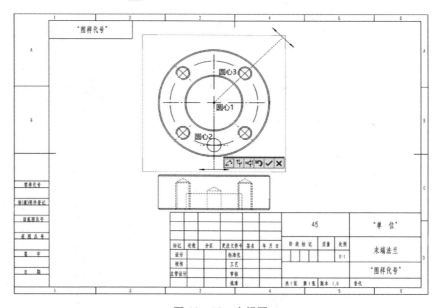

图 10-18　主视图

（2）系统出现预览，向右拖动鼠标，在视图右侧放置新视图，单击"确定"按钮 ✓，在"剖面视图 A–A"属性管理器中，单击"切除线"选项下的"反转方向"按钮，生成旋转剖面左视图，如图 10–19 所示。

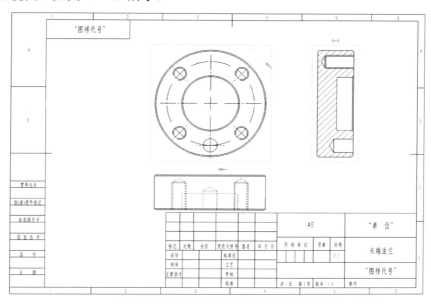

图 10–19　生成旋转剖面左视图

步骤三：创建中心线

单击"注解"工具栏中的"中心线"按钮，出现"中心线"属性管理器，选择"自动插入"选项下的"选择视图"按钮，单击左视图，生成中心线，按相同的操作将俯视图生成中心线，如图 10–20 所示。

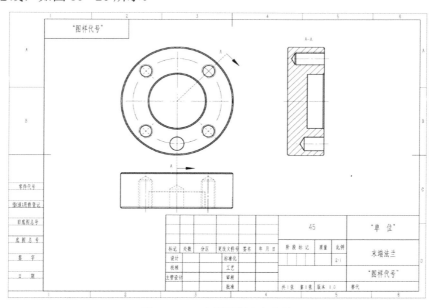

图 10–20　左视图创建中心线

步骤四：生成局部视图

单击"工程图"工具栏中的"局部视图"按钮 ⊂ᴬ，鼠标指针变为 ◆，在主视图中相应位置绘制圆，向右移动鼠标，出现局部视图，在合适位置单击放置局部视图，如图10-21所示。

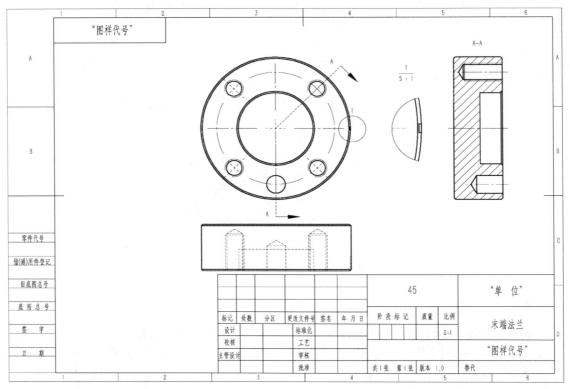

图 10-21　生成局部视图

步骤五：标注尺寸

（1）插入模型尺寸。单击"注解"工具栏中的"模型项目"按钮 ＊，出现"模型项目"属性管理器。激活"来源/目标"面板，选择"整个模型"选项，选择"将项目输入到所有视图"复选项，在"尺寸"面板中选择"为工程图标注" ▣、"异形孔向导位置" ⬚、"孔标注" ⬚ 以及"消除重复"复选项，如图10-22所示。单击"确定"按钮，在视图中插入了尺寸，如图10-23所示。

（2）调整尺寸。直接插入的模型尺寸标注不清晰，需要重新调整位置及标注形式，按照尺寸标注的要求对尺寸进行调整。

双击需要修改的尺寸，在"修改"对话框中输入新的尺寸值，可修改尺寸。按住鼠标拖动尺寸文本，可以移动尺寸位置，调整到合适的位置。在拖动尺寸时按住 Shift 键，可将尺寸从一个视图移动到另一个视图，按住 Ctrl 键，可将尺寸从一个视图复制到另一个视图。右击尺寸，在关联菜单中选择"显示项目"→"显示成直径"命令，更改显示方式；单击需要删除的尺寸，按住 Delete 键可删除选中的尺寸。调整完毕，如图10-24所示。

图 10-22 "模型项目"属性管理器

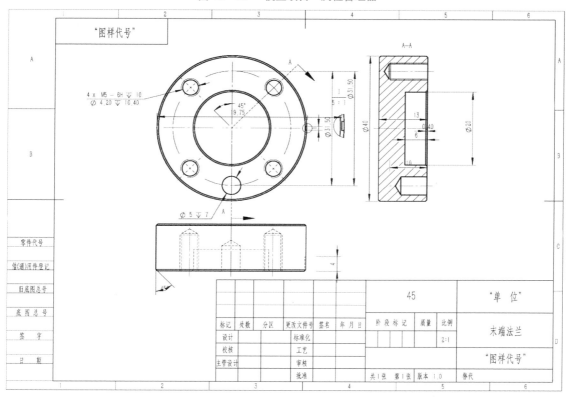

图 10-23 模型尺寸

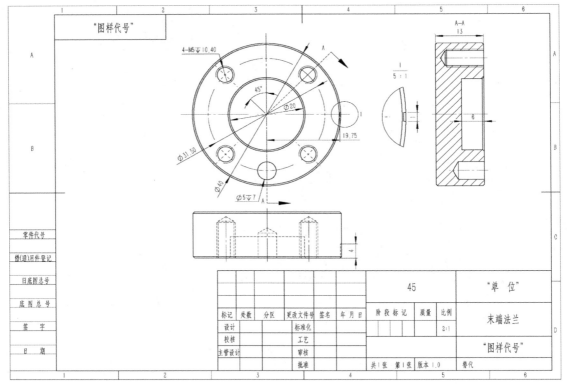

图 10-24　调整好的尺寸

（3）标注倒角。单击"注解"工具栏中"智能尺寸"下的"倒角尺寸"按钮 ![] ，在俯视图中依次单击倒角的两条边线，拖动鼠标至合适位置，完成倒角标注，如图 10-25 所示。按相同的操作完成左视图中倒角的标注。

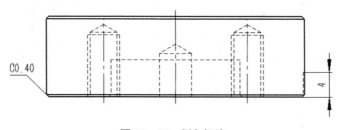

图 10-25　倒角标注

任务拓展 NEWST

完成工业机器人手臂运动部分的装配图设计。

步骤一：创建视图

单击"新建"按钮，在弹出的"新建 SOLIDWORKS 文件"对话框中，单击"工程图"，单击"高级"，选择 A4（GB），单击"确定"按钮。出现"模型视图"属性管理器，单击"浏览"按钮，选择"工业机器人-灰色"文件，如图10-26所示。

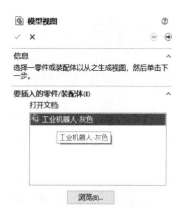

图10-26　模型视图

出现"工程图视图1"属性管理器，在"参考配置"中显示"默认"，如图10-27所示。选择"在爆炸或模型断开状态下显示"，在"爆炸视图"下拉菜单中选择"爆炸视图8（爆炸）"，单击"确定"按钮✓，如图10-28所示。

图10-27　工程图视图/参考配置

图10-28　参考配置/爆炸视图8（爆炸）

在图形区合适位置单击放置爆炸图，生成装配体爆炸视图工程图，如图10-29所示。

步骤二：创建材料明细表

单击菜单栏中的"插入"→"表格"→"材料明细表" 材料明细表(B)... ，或在工具栏中单击"表格"→"材料明细表"，如图10-30所示。

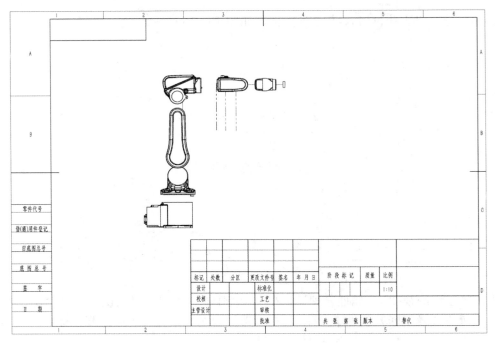

图 10-29 爆炸视图－工程图

图 10-30 材料明细表

单击"确定"按钮后，在图形区域中单击放置材料明细表，如图 10-31 所示。单击标题栏，出现表格编辑窗口，单击"表格标题在下"按钮，使标题在下面。

步骤三：创建零件序号

在"注解"工具栏中，单击"自动零件序号"按钮 自动零件序号，单击选择视图，单击"确定"按钮，如图 10-32 所示。

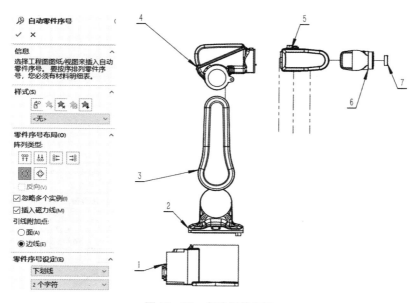

	A	B	C	D
1	项目号	零件号	说明	数量
2	1	零件1 底座		1
3	2	零件2 腰		1
4	3	零件3 大臂		1
5	4	零件4 肘		1
6	5	零件5 臂关节		1
7	6	零件6 小臂		1
8	7	零件7 腕		1

图10-31　材料明细表编辑标题栏

图10-32　创建零件序号

任务评价

任务评分表

评价项目	评价标准	参考分值	学生自评（15%）	学生互评（15%）	教师评价（70%）
工程图视图的创建	投影视图、剖面视图等的创建符合国家标准，合理、规范	15			
零件工程图的标注	尺寸标注、公差标注符合国家规范，合理、准确	40			
装配体工程图的创建	装配体视图创建符合国家规范；材料明细表创建合理、准确	30			
素质	严谨细致、精益求精、爱岗敬业，达到或超越任务素质目标	15			
总评					

　　本任务主要介绍了工程图的创建和标注。SOLIDWORKS 的工程图主要包括四部分：① 图框和标题栏：能够根据需要编辑图框和标题栏。② 视图：包括标准视图和各种派生视图，在制作工程图时，需要根据零件的特点选择不同的视图组合，以便简洁地将设计参数和生产要求表达清楚。③ 尺寸、公差、表面粗糙度及注释文本的标注：包括形状尺寸、位置尺寸、尺寸公差、基准符号、形位公差、表面粗糙度、技术要求等。④ 明细栏：在装配图中生成明细栏和零件编号。需要严格按照机械制图规范，进行图纸的绘制，培养严谨细致、一丝不苟的工匠精神。

练 习 题

　　1. 按照图 10-33 所示综合表达的要求绘制齿轮的工程图。

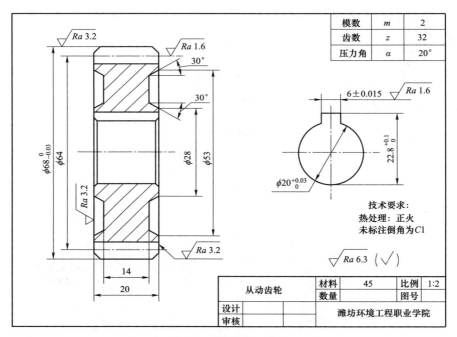

图 10-33　齿轮工程图

2. 按照图 10-34 所示综合表达的要求绘制轴的工程图。

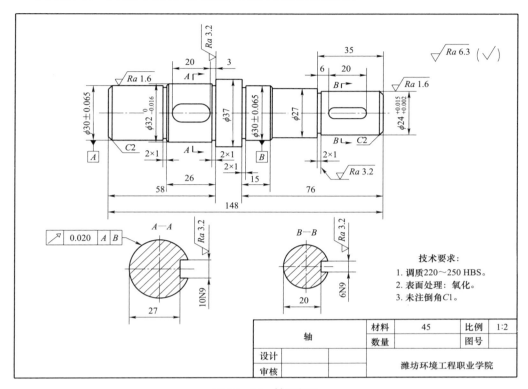

图 10-34 轴工程图

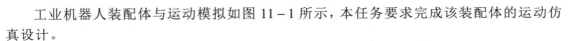

任务十一　工业机器人运动仿真

技能目标：

利用零件的配合和约束方法进行机器人装配。

能够利用驱动源进行机构运动仿真、生成动画文件。

知识目标：

了解运动算例的基本原理。

熟悉零件的配合和约束方法。

掌握机器人运动仿真的操作方法。

素质目标：

具备爱岗敬业、遵纪守法的职业素养。

具备互帮互助、团结协作的优良品质。

养成精益求精、严谨细致的工匠精神。

任务引入

工业机器人装配体与运动模拟如图 11－1 所示，本任务要求完成该装配体的运动仿真设计。

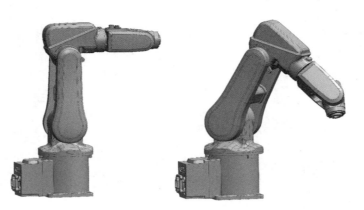

运动仿真
操作视频

图 11－1　工业机器人装配体与运动模拟

机械零件与装配体的运动模拟在 SOLIDWORKS 中称为运动算例，主要由动画、基本运动、运动分析三种形式。

动画的作用是使零件或者装配体运动，也可以通过添加马达来驱动装配体中的一个或者多个零件运动。

基本运动的作用是在装配体上模仿马达、弹簧、接触、引力等。基本运动在计算运动时考虑模型的质量。使用基本运动计算块，可以生成基于物理的模拟的演示性动画。

运动分析的作用是分析装配体上精确模拟和分析运动单元的效果，包括力、弹簧、阻尼、摩擦力。运动分析使用动力求解器，在计算中考虑到材料属性、质量及惯性，使用运动分析可以进一步分析模拟结果。

一、旋转动画

1. 绘制零件

新建零件，绘制边长为 100 mm 的正方体，如图 11-2 所示。

2. 旋转动画

单击"前导视图"工具栏中的"视图定向"按钮或者按空格键，选择"右视"的视图定向，如图 11-3 所示。

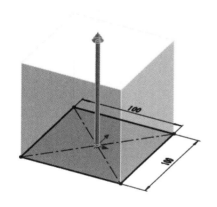

图 11-2　正方体零件

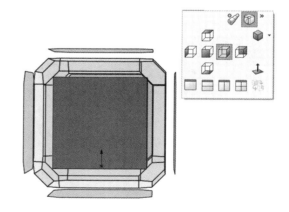

图 11-3　显示"视图定向"

单击"状态栏"中的"运动算例 1"，单击"动画向导"按钮，出现"选择动画类型"对话框。选择"旋转模型（R）"，然后单击"下一页"按钮，如图 11-4 所示。

在"选择－旋转轴"对话框中选择"Y－轴"，在"旋转次数"文本框中填写 1，选择"顺时针"，单击"下一页"按钮，如图 11-5 所示。

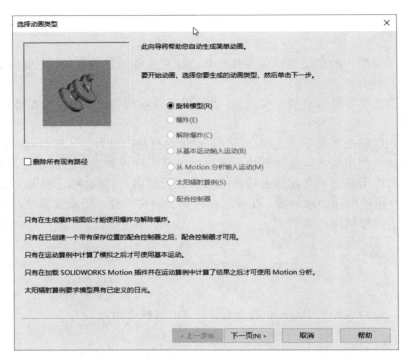

图 11-4 "动画向导"/"选择动画类型"

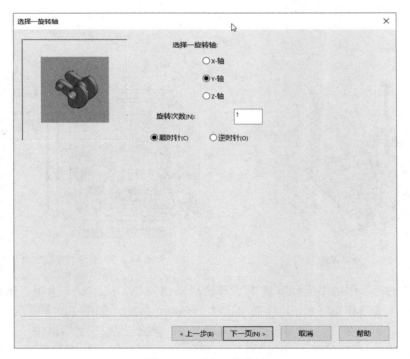

图 11-5 选择-旋转轴

在"动画控制选项"对话框中,"时间长度"文本框填写 2,"开始时间"文本框填写 0,单击"完成"按钮,如图 11-6 所示。

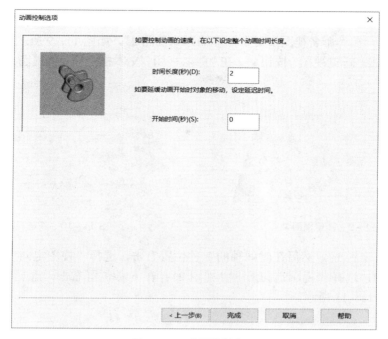

图 11-6　动画控制选项

单击运动算例操作区域，单击"播放模式"按钮，选择"播放模式：往复" ↔。单击
"从头播放"或者"播放"按钮 ▶ ▶，可以看到图形区的旋转效果，如图 11-7 所示。

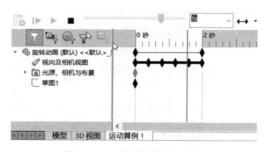

图 11-7　"播放模式"操作

二、视图定向动画

创建多个定向视图，可以通过动画的形式将多个不同的视角按照设定的程序进行播放。

打开实例源文件"圆锥零件"，单击"视图定向"按钮 ，单击"前视"按钮 ，单击
"新建视图"按钮 ，文本框中输入"视图 1"，如图 11-8 所示。

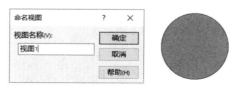

图 11-8　新建视图 1

单击"前导视图"工具栏中的"视图定向"按钮，单击"上视"按钮，单击"新建视图"按钮，在"命名视图"文本框中输入"视图 2"，如图 11-9 所示。继续单击"下视"按钮，单击"新建视图"按钮，在"命名视图"文本框中输入"视图 3"，如图 11-10 所示。

图 11-9　新建视图 2

图 11-10　新建视图 3

单击"运动算例 1"，然后在时间轴的 2 秒位置右击，选择"视图定向"→"视图 1"；在 4 秒位置右击，选择"视图定向"→"视图 2"；在 6 秒位置右击，选择"视图定向"→"视图 3"，如图 11-11 所示。

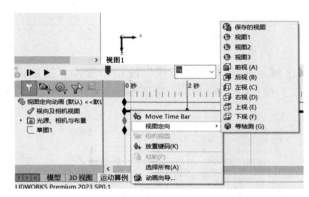

图 11-11　"视图定向"选择视图 1、视图 2、视图 3

单击"播放"按钮，可以预览动画效果，如图 11-12 所示。单击"保存动画"按钮，可以用视频的格式存放在指定文件夹内。

三、马达动画/线性马达

1. 制作装配体

新建装配体文件，插入实例源文件中的"马达-1""马达-2"。使用"同心"配合方式装配两个零件，如图 11-13 所示。

单击"马达-1"零件，在对话框中单击"更改透明度"按钮，将零件更改成透视效果，方便观察线性马达的运动，如图 11-14 所示。

2. 线性马达动画

单击"运动算例"→"马达"按钮，在"零部件/方向"中选择指定的面与方向，如图 11-15 所示。

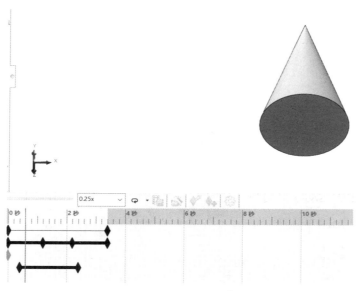

图 11-12　视图定向动画预览

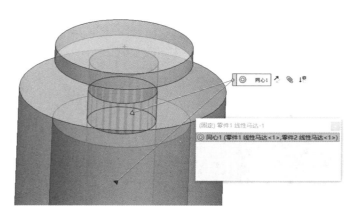

图 11-13　使用"同心"配合方式装配两个零件

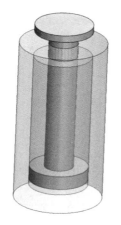

图 11-14　零件 1"更改透明度"

图 11-15　选择指定的面和方向

单击"运动算例"按钮后，在"动画"下拉菜单中选择"基本运动"，再单击"计算"按钮 ⚙️，如图 11-16 所示。

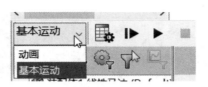

图 11-16　线性马达的基本运动操作

播放线性马达的运动模拟动画，如图 11-17 所示，单击"保存动画"按钮 🎬，保存动画文件。

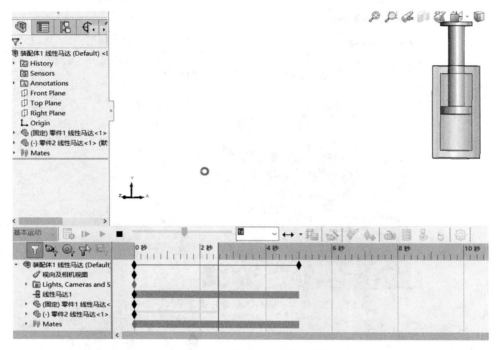

图 11-17　线性马达的动画预览

任务实施

步骤一：设置旋转马达

打开实例源文件"工业机器人"，如图 11-18 所示。

单击"运动算例"→"马达"按钮 🔧，出现"马达"属性管理器。在"零部件/方向"选项中，选择如图 11-19 所示的零件位置，创建"马达 1"。

单击"运动算例"→"马达"按钮 🔧，出现"马达"属性管理器。在"零部件/方向"选项中，选择如图 11-20 所示的零件位置，创建"马达 2"。

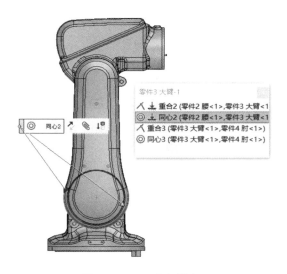

图 11-18　工业机器人

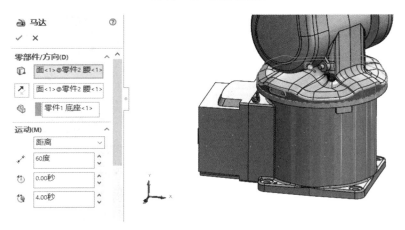

图 11-19　旋转马达 1 的设置方式

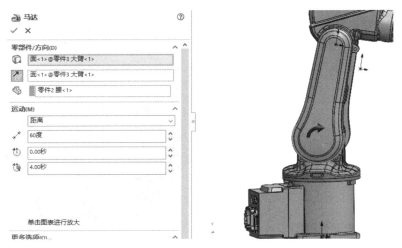

图 11-20　旋转马达 2 的设置方式

单击"运动算例"→"马达"按钮 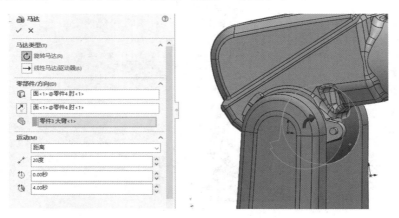，出现"马达"属性管理器。在"零部件/方向"
选项中，选择如图 11-21 所示的零件位置，创建"马达 3"。

图 11-21　旋转马达 3 的设置方式

单击"运动算例"→"马达"按钮 ，出现"马达"属性管理器。在"零部件/方向"
选项中，选择如图 11-22 所示的零件位置，创建"马达 4"。

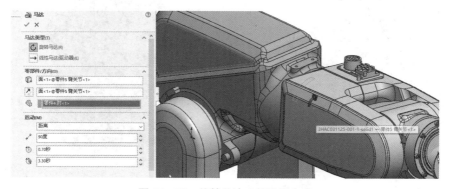

图 11-22　旋转马达 4 的设置方式

单击"运动算例"→"马达"按钮 ，出现"马达"属性管理器。在"零部件/方向"
选项中，选择如图 11-23 所示的零件位置，创建"马达 5"。

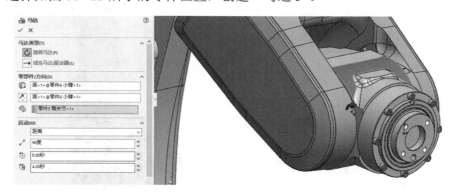

图 11-23　旋转马达 5 的设置方式

单击"运动算例"→"马达"按钮 🐿，出现"马达"属性管理器。在"零部件/方向"
选项中，选择如图 11-24 所示的零件位置，创建"马达 6"。

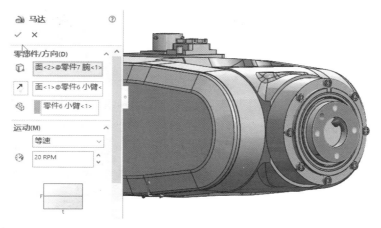

图 11-24 旋转马达 6 的设置方式

步骤二：仿真与动画保存

单击"动画/基本运动"下拉菜单，选择"基本运动"，如图 11-25 所示。单击"计算"
按钮，完成旋转马达的模拟运动。

图 11-25 "基本运动"与"计算"操作

设置完成动画的播放模式选择，以及动画播放的开始与停止，如图 11-26 所示。

图 11-26 选择播放模式以及开始与停止播放操作

单击"保存动画"按钮，完成运动仿真动画的保存，如图 11-27 所示。

在保存视频前，通过"自定义高宽比"与"视频压缩"等参数设置，完成需要的视频格
式，如图 11-28 所示。

在保存完成动画后，查看保存后的视频文件，如图 11-29 所示。

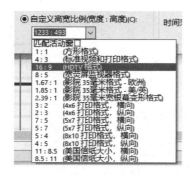

图 11-27 "保存动画"按钮

图 11-28 动画视频的保存格式

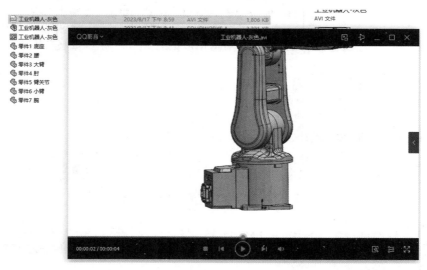

图 11-29 查看保存后的视频文件

任务评分表

评价项目	评价标准	参考分值	学生自评（15%）	学生互评（15%）	教师评价（70%）
旋转动画	流畅性、精确度、视觉效果、信息传达与播放性能	15			
线性马达动画	动作准确性、功能演示、细节处理、动画流畅性、信息传达	30			
旋转马达动画	模拟精度、功能演示、模型细节、动画流畅性、可视化效果、信息传达	40			
素质	善于思考、爱岗敬业，达到或超越任务素质目标	15			
总评					

任务小结 NEWS

　　本任务主要介绍了 SOLIDWORKS 2023 的动画基本功能、软件界面和常用设置。通过本任务的学习，使读者掌握 SOLIDWORKS 2023 旋转动画、视图定向动画、线性马达、旋转马达的设置方法，通过运动仿真能够更加准确、生动地进行模拟，从而判断设计的可行性并能够更好地进行效果展示。在学习过程中培养团结协作的团队精神和善于思考、勇于创新的科学精神。

参考文献

［1］罗广思，潘安霞. 使用 SolidWorks 软件的机械产品数字化设计项目教程［M］. 北京：高等教育出版社，2019.

［2］文清平，李勇兵. 工业机器人应用系统三维建模［M］. 北京：高等教育出版社，2021.

［3］刘明俊，陈尧. SolidWorks 三维造型实训教程［M］. 北京：高等教育出版社，2021.

［4］石怀涛，安东. SOLIDWORKS 2019 基础教程［M］. 北京：机械工业出版社，2019.

［5］鲍仲辅，吴任和. SolidWorks 项目教程［M］. 北京：机械工业出版社，2019.

［6］赵俊武. SolidWorks 产品造型设计实训教程［M］. 北京：清华大学出版社，2008.

［7］赵天学，刘庆. SolidWorks 项目化教程［M］. 北京：北京理工大学出版社，2021.